高等教育创新型人才培养系列教材

数控编程与加工实训教程

▶ 蒙 斌 主编

SHUKONG BIANCHENG
YU JIAGONG SHIXUN
JIAOCHENG

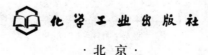化学工业出版社

·北京·

内 容 简 介

本书共有6章，讲述了数控机床编程基础、数控车床编程实训、数控车床加工实训、数控铣床编程实训、数控铣床加工实训、加工中心实训。本书力求数控编程实训和加工实训内容的层次分明、由浅入深、图文并茂、易学易懂。为了让学习者理解和熟练掌握编程指令的应用，每个数控编程实训的知识点均安排有例题，在容易出问题和须重点掌握的地方均有提示，较为抽象和难理解的内容均用图表加以诠释，便于学习者理解和掌握，数控车床、数控铣床和加工中心的加工实训均有加工案例，便于学习者掌握数控编程知识的综合应用和数控加工操作技能实践，从而适应技术技能型人才培养的需要。

为了便于不同学习者学习，本书主要以FANUC系统为例来介绍，同时考虑到目前学校使用的华中（HNC）系统，也介绍了华中系统的编程及加工实训。

本书可作为高等院校（本科、高职、高专、成人高校）机械制造类、机电类、数控类、自动控制类专业学生的教材和参考书，也可作为各种数控职业培训机构的培训教材以及数控技术科研人员和工程技术人员的参考用书。

图书在版编目（CIP）数据

数控编程与加工实训教程 / 蒙斌主编．—北京：
化学工业出版社，2024.6
ISBN 978-7-122-45459-1

Ⅰ. ①数… Ⅱ. ①蒙… Ⅲ. ①数控机床-程序设计-教材②数控机床-加工-教材 Ⅳ. ①TG659.022

中国国家版本馆CIP数据核字（2024）第078205号

责任编辑：韩庆利	文字编辑：吴开亮
责任校对：宋 玮	装帧设计：史利平

出版发行：化学工业出版社
　　　　　（北京市东城区青年湖南街13号　邮政编码100011）
印　　装：河北延风印务有限公司
787mm×1092mm　1/16　印张14$\frac{1}{2}$　字数361千字
2024年9月北京第1版第1次印刷

购书咨询：010-64518888　　　售后服务：010-64518899
网　　址：http://www.cip.com.cn
凡购买本书，如有缺损质量问题，本社销售中心负责调换。

定　　价：45.00元　　　　　　　　版权所有　违者必究

前言

数控技术是先进制造技术的重要组成部分。数控技术和数控装备是制造工业现代化的重要基础。这个基础是否牢固直接影响到一个国家的经济发展和综合国力，关系到一个国家的发展战略及国际地位。因此，世界上各工业发达国家均采取重大措施来发展自己的数控技术及其产业。

在我国，数控技术与装备的发展也得到了高度重视，取得了相当大的进步。近年来，虽然国家不断加大数控高技能应用型人才的培养力度，但对该类人才的需求仍然存在着很大的缺口。为了培养数控高技能应用型技术人才，国内很多工科院校开设了与数控技术相关或相近的专业。而数控加工实训便是这些专业要开设的核心实践技能训练课程，数控编程及加工技能是需要重点训练和掌握的实践技能。

为了满足专业建设的需要和人才培养的需求，编者结合多年从事数控技术教学和科研的实践和思考编写了本书。

本书力求数控编程内容的层次分明、由浅入深、图文并茂、易学易懂。本书有如下特点：

☆根据数控技能人才的训练需要，本书内容分为数控编程实训和数控加工实训两部分；

☆为了让学习者理解和掌握编程指令，每个数控编程实训的知识点均安排有例题；

☆在容易出问题和须重点掌握的地方均有提示，可以引起学习者的注意；

☆较为抽象和难理解的内容均用图表加以诠释，便于学习者理解和掌握；

☆数控车床、数控铣床和加工中心的加工实训均有加工案例，便于学习者掌握数控编程知识的综合应用和技能实践，从而满足技术技能型人才培养的需要。

为了便于不同类型的学习者学习，本书主要以FANUC系统和华中（HNC）系统为例来介绍。

本书数控编程实训内容可供学习者系统学习数控机床的编程指令与编程格式，掌握数控机床零件加工的程序编制方法；数控加工实训内容可使学习者系统掌握数控机床典型零件加工的工艺制定、程序编制及校验、加工准备、零件加工、质量控制等环节，并最终具备独立加工零件的能力。

本书由宁夏大学蒙斌任主编并负责统稿和定稿，银川能源学院李富荣任副主编，参加编写工作的还有宁夏大学李亚蓉、宁夏职业技术学院李振威。第1章由李富荣编写，第2章由李亚蓉编写，第3章由李振威编写，第4、5、6章由蒙斌编写。

本书通过查阅大量资料，并结合编者的实践经验编写而成。但由于时间仓促和编者水平有限，书中疏漏在所难免，恳请读者不吝指教，以便对本书进一步修改和完善。

编　者

目录

第5章　　　　　　　　　　　　　　　　　　　　　　166
数控铣床加工实训

第6章　　　　　　　　　　　　　　　　　　　　　　205
加工中心实训

第1章 数控机床编程基础

【知识提要】 本章主要介绍数控机床的程序编制基础。主要内容包括数控编程的内容与方法、数控机床的坐标轴及运动方向、数控编程的格式等。

【训练目标】 通过本章内容的学习，学习者应对数控编程的概念有全面认识，全面掌握数控机床的程序编程基础，为数控机床的编程实训打好基础。

1.1 数控编程的内容与方法

1.1.1 数控编程的基本概念

数控机床是一种高效的自动化加工机床，它严格按照加工程序，自动对工件进行加工。用数控机床对零件进行加工时，首先对零件进行加工工艺分析，以确定加工方法、加工工艺路线，正确地选择数控机床刀具和装夹方法；其次按照加工工艺要求，根据所用数控机床规定的指令代码及程序格式，将刀具的运动轨迹、位移量、切削参数（主轴转速、进给量、背吃刀量等）以及辅助功能（换刀、主轴正转或反转、切削液开或关等）编写成加工程序单，传送或输入到数控装置中，从而使数控机床自动对工件进行加工。数控编程是数控加工的重要步骤。

1.1.2 数控编程内容与步骤

一般来讲，数控机床的程序编制主要包括分析零件图样、确定加工工艺过程、数值计算、编写程序单、制作控制介质、校验程序与首件试切，如图1-1所示。

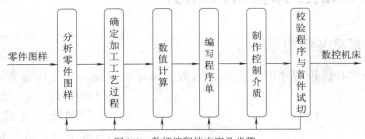

图1-1 数控编程的内容及步骤

① 分析零件图样 编程人员首先要根据零件图样，对零件的材料、形状、尺寸、精度和热处理要求等进行分析，确定合适的数控机床。

② 确定加工工艺过程 在分析零件图样的基础上，确定零件的加工工艺过程，包括确定加工顺序、加工路线、装夹方式，选择合理的刀具及切削参数等；同时还要考虑所用数控机床的指令功能，充分发挥机床的效能。

③ 数值计算 根据零件图样的几何尺寸、走刀路线及设定的工作坐标系，确定零件粗、精加工运动的轨迹，得到刀位数据。对于形状比较简单的零件的轮廓加工，要计算出几何元素的起点、终点、圆弧的圆心、两几何元素的交点或切点的坐标值。对于形状比较复杂的零件，需要用直线段或圆弧段逼近，根据加工精度的要求计算出节点坐标值，这种数值计算一般要用计算机来完成。

④ 编写程序单 编程人员根据走刀路线、工艺参数及数值计算结果，按照数控系统规定的功能指令代码及程序段格式，逐段编写加工程序单。

⑤ 制作控制介质 简单的数控程序直接手工输入机床；当程序需自动输入机床时，必须制作控制介质。现在大多数程序采用U盘、移动存储器（FC）、硬盘作为存储介质，采用计算机传输或直接在CF卡槽内插卡把程序输入数控机床。

⑥ 程序校验与首件试切 程序必须经过校验并正确后才能使用。一般采用机床空运行的方式进行校验，有图形显示功能的数控机床可直接在CRT显示屏上进行校验。程序的校验只能完成对数控程序、动作的校验，如果要校验切削参数和加工精度，则要进行首件试切。

1.1.3 数控机床的编程方法

数控机床的编程方法一般分为手工编程和自动编程两种。

（1）手工编程

手工编程从分析零件图样，确定加工工艺过程、数值计算、编写零件加工程序单，到程序校验都是由人工完成。对于加工形状简单、计算量小、程序不长的零件，采用手工编程较容易。因此，在点位加工或由直线与圆弧组成的轮廓加工中，手工编程仍广泛应用。本书主要介绍的就是手工编程方法。

（2）自动编程

自动编程是利用计算机专用软件编制数控加工程序的过程。编程人员仅分析零件图样的要求和制定工艺方案，由计算机自动地进行数值计算及后置处理，并编写出零件加工程序单，加工程序单通过直接通信的方式送入数控机床，指挥机床自动地完成对工件的加工。

自动编程使得一些计算烦琐、手工编程困难或无法手工编出的程序能够顺利地编出。

1.2 数控机床的坐标轴和运动方向

1.2.1 标准坐标系及运动方向

为了简化编程和保证程序的通用性，对数控机床的坐标轴和方向命名制定了统一的标准，我国现在所用的标准为JB/T 3051—1999，它与国际上通用的标准ISO 841等效。该标准规定数控机床的坐标系采用右手笛卡儿坐标系，直线进给坐标轴用X、Y、Z表示，常称基本坐标轴。X、Y、Z坐标轴的相互关系用右手定则决定，如图1-2所示，图中大拇指指向X轴的正方向，食指指向Y轴的正方向，中指指向Z轴的正方向。

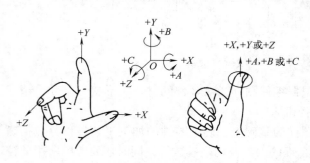

图1-2 数控机床的坐标轴和运动方向

围绕 X、Y、Z 轴旋转的圆周进给坐标轴用 A、B、C 表示，根据右手螺旋定则，以大拇指指向+X、+Y、+Z 方向，则四指环绕的方向分别是+A、+B、+C方向。

1.2.2 坐标轴的确定

机床各坐标轴及其正方向的确定原则如下。

① 先确定 Z 轴　以平行于机床主轴的刀具运动坐标为 Z 轴，若有多根主轴，则可选垂直于工件装夹面的主轴为主要主轴，Z 轴则平行于该主轴轴线。若没有主轴，则规定垂直于工件装夹表面的坐标轴为 Z 轴。Z 轴正方向是使刀具远离工件的方向。

② 再确定 X 轴　X 轴为水平方向且垂直于 Z 轴并平行于工件的装夹面。

在工件旋转的机床（如车床、外圆磨床）上，X 轴的运动方向是径向的，与横向导轨平行，刀具离开工件旋转中心的方向是正方向，如图1-3和图1-4所示分别为前置刀架和后置刀架数控车床的坐标系。

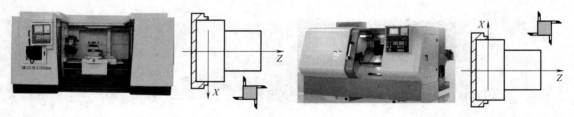

图1-3　前置刀架数控车床坐标系　　　　　　　图1-4　后置刀架数控车床坐标系

对于刀具旋转的机床，若 Z 轴为垂直（如立式铣床、镗床、钻床），则从刀具主轴向床身立柱方向看，右手平伸出方向为 X 轴正向，如图1-5所示为立式数控铣床的坐标系；若 Z 轴为水平（如卧式铣床、镗床），则沿刀具主轴后端向工件方向看，右手平伸出方向为 X 轴正向，如图1-6所示为卧式数控铣床的坐标系。

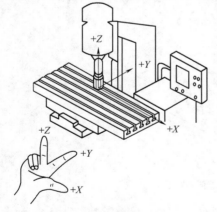
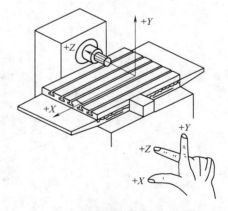

图1-5　立式数控铣床坐标系　　　　　　　图1-6　卧式数控铣床坐标系

③ 最后确定 Y 轴　在确定了 X、Z 轴的正方向后，即可按照右手笛卡儿坐标系确定出 Y 轴正方向。

1.2.3 附加坐标系

为了编程和加工的方便，有时还要设置附加坐标系。对于直线运动，平行于标准坐标系中相应坐标轴的进给轴，称为直线附加坐标轴，第一组附加坐标轴分别用 U、V、W 表示，第二组附加坐标轴分别用 P、Q、R 表示。如图 1-7 所示，在 XOY 坐标系中，以 A 点为坐标原点 O_1，可以建立附加坐标系 UO_1V，以 D 点为坐标原点 O_2，可以建立附加坐标系 PO_2Q。对于旋转运动，除 A、B、C 轴外，如果还有其他旋转轴，则称为旋转附加坐标轴，用 D 或 E 表示。

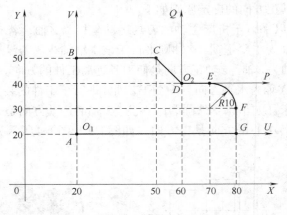

图 1-7 附加坐标系

1.2.4 工件相对静止而刀具产生运动的原则

通常在坐标轴命名或编程时，不论机床在加工中是刀具移动，还是被加工工件移动，都一律假定为被加工工件相对静止不动，而刀具在移动，即刀具相对运动的原则，并同时规定刀具远离工件的方向为坐标的正方向。按照标准规定，在编程中，坐标轴的方向总是刀具相对工件的运动方向，用 X、Y、Z 等表示。在实际中，对数控机床的坐标轴进行标注时，根据坐标轴的实际运动情况，用工件相对刀具的运动方向进行标注，此时需用 X'、Y'、Z' 等表示，以示区别。如图 1-8 所示，工件与刀具运动之间的关系为：$+X'=-X$，$+Y'=-Y$，$+Z'=-Z$。

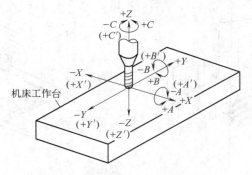

图 1-8 工件与刀具运动之间的关系

1.2.5 绝对坐标和增量坐标

当运动轨迹的终点坐标是相对于起点来计量时，称之为相对坐标，也叫增量坐标。若按这种方式进行编程，则称之为相对坐标编程。当所有坐标点的坐标值均从某一固定的坐标原点计量时，就称之为绝对坐标表达方式，按这种方式进行编程即为绝对坐标编程。如图 1-9 所示，A 点和 B 点的绝对坐标分别为（30，35）、（12，15），A 点相对于 B 点的增量坐标为（18，20），B 点相对于 A 点的增量坐标为（-18，-20）。

1.2.6 数控机床的坐标系

（1）机床坐标系

以机床原点为坐标原点建立起来的 X、Y、Z 轴直角坐标系，称为机床坐标系。机床原点为机床上的一个固定点，也称机床零点。如图 1-10 和图 1-11 所示分别为数控车床和数控铣床的原点。它在机床装配、调试时就已确定下来，是数控机床进行加工运动的基准参考点。机床零点是通过机床参考点间接确定的。

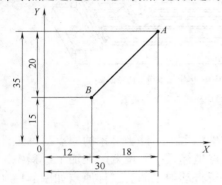

图 1-9 绝对坐标和增量坐标

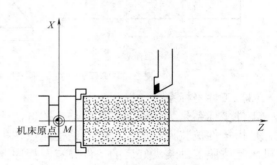

图 1-10 数控车床原点

机床参考点也是机床上的一个固定点，其与机床零点间有一确定的相对位置，一般设置在刀具运动的 X、Y、Z 正向最大极限位置，是用于对机床运动进行检测和控制的固定位置点。机床参考点的位置是由机床制造厂家在每个进给轴上用限位开关精确调整好的，坐标值已输入数控系统中。因此参考点对机床原点的坐标是一个已知数。如图 1-12 所示为数控车床参考点与机床原点的位置关系。

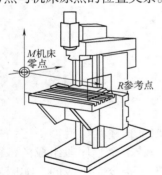

图 1-11 数控铣床原点

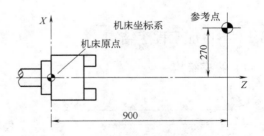

图 1-12 数控车床的参考点与机床原点

在机床每次通电之后、工作之前，必须进行回机床零点操作，并使刀具运动到机床参考点，其位置由机械挡块确定。这样，通过机床回零操作，确定了机床零点从而准确地建立机床坐标系，即相当于数控系统内部建立一个以机床零点为坐标原点的机床坐标系。

机床坐标系是机床固有的坐标系，一般情况下，机床坐标系在机床出厂前已经调整好，不允许用户随意变动。

（2）编程坐标系

编程坐标系是为了确定工件几何图形上各几何要素（如点、直线、圆弧等）的位置而建立的坐标系，其原点简称编程原点，如图 1-13（a）所示的 O_2 点。编程原点应尽量选在零件的设计基准或工艺基准上，并考虑到编程的方便性。编程坐标系中各轴的方向应该与所使用数控机床相应的坐标轴方向一致。

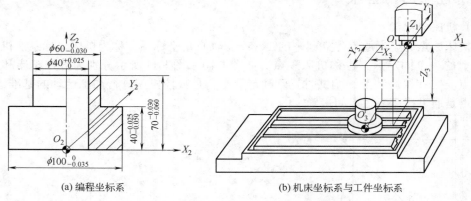

(a) 编程坐标系　　　　　　　　(b) 机床坐标系与工件坐标系

图 1-13　编程坐标系（工件坐标系）与机床坐标系之间的关系

（3）工件坐标系

工件坐标系是为了确定零件的加工位置而建立的坐标系。工件坐标系的原点简称工件原点，是指零件被装夹好后，相应的编程原点在机床原点坐标系中的位置。在加工过程中，数控机床是按照工件装夹好后的工件原点及程序要求进行自动加工的。工件原点如图 1-13（b）中的 O_3 所示。工件坐标系原点在机床坐标系 $X_1Y_1Z_1$ 中的坐标值 $-X_3$、$-Y_3$、$-Z_3$，需要通过对刀操作输入数控系统。

因此，编程人员在编制程序时，只需根据零件图样确定编程原点，建立编程坐标系，计算坐标数值，而不必考虑工件毛坯装夹的实际位置。对加工人员来说，则应在装夹工件、调试程序时，确定工件原点的位置，并在数控系统中给予设定（即给出原点设定值），这样数控机床才能按照准确的工件坐标系位置开始加工。

1.3　数控编程的程序格式

1.3.1　零件加工程序结构

（1）程序结构

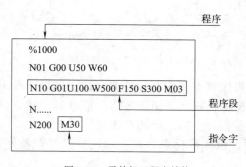

图 1-14　零件加工程序结构

一个零件加工程序是由遵循一定结构、句法和格式规则的若干个程序段组成的，而每个程序段是由若干个指令字组成的，如图 1-14 所示。每个程序段一般占一行，在屏幕显示程序时也是如此。一个指令字是由地址符（指令字符）和带符号（如定义尺寸的字）或不带符号（如准备功能字 G 代码）的数字组成的。程序段中不同的指令字符及其后续数值确定了每个指令字的含义，如 N 为程序段号，G 为准备功能，F 为进给速度等。

（2）程序格式

常规加工程序由开始符（单列一段）、程序名（单列一段）、程序主体和程序结束指令（一般单列一段）组成，程序的最后还有一个程序结束符。程序开始符与程序结束符（现在大多数系统可以不用）是同一个字符：在ISO代码中是%，在EIA代码中是ER。程序号（程序号）是由O（FANUC 系统）或%（华中系统）开头，通常后跟4位数字组成。程序结束指令为M02或M30。常见程序格式如下：

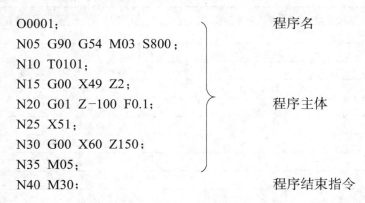

O0001；	程序名
N05 G90 G54 M03 S800；	
N10 T0101；	
N15 G00 X49 Z2；	
N20 G01 Z−100 F0.1；	程序主体
N25 X51；	
N30 G00 X60 Z150；	
N35 M05；	
N40 M30；	程序结束指令

1.3.2 程序段格式

（1）固定程序段格式

以这种格式编制的程序，各字均无地址码，字的顺序即为地址的顺序，各字的顺序及字符行数是固定的（不管某一字需要与否），即使与上一段相比某些字没有改变，也要重写而不能略去。一个字的有效位数较少时，要在前面用"0"补足规定的位数。所以各程序段所占穿孔带的长度是一定的，如图1-15所示。

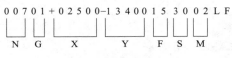

图1-15 固定程序段格式

（2）带分隔符的程序段格式

由于有分隔符号，不需要的字或与上一程序段相同的字可以省略，但必须保留相应的分隔符号（即各程序段的分隔符号数目相等），如图1-16所示。

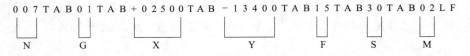

图1-16 带分隔符的程序段格式

以上两种格式目前已很少使用，现代数控机床普遍使用字地址程序段格式。

（3）字地址程序段格式

在字地址程序段格式中，每个坐标轴和各种功能都是用表示地址的字母和数字组成的特定字来表示，而在一个程序段内，坐标字和各种功能字常按一定顺序排列（也可以不按顺序排列，但编程不方便），且地址的数目可变，数据的位数可多可少，不需要的字以及与上一程序段相同的续效字可以不写。该格式的优点是程序简短、直观以及容易检查和修改。程序段内的各字也可以不按顺序，但为了方便编程，常按如下的顺序排列。

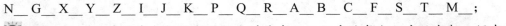

注意：上述程序段中包括的各种指令并非在加工程序的每个程序段中都必须有，应

根据各程序段的具体功能来编入相应的指令。

程序段中功能字的含义见表1-1。

表1-1 功能字的含义

功能	地址	意义
程序号	O	程序号
顺序号	N	顺序号
准备功能	G	指定移动方式(直线、圆弧等)
尺寸字	X,Y,Z,U,V,W,A,B,C	坐标轴移动指令
	I,J,K	圆弧中心的坐标
	R	圆弧半径
进给功能	F	每分钟进给量,每转进给量
主轴速度功能	S	主轴速度
刀具功能	T	刀号
辅助功能	M	机床上的开/关控制
	B	工作台分度等
偏置号	D,H	偏置号
暂停	P,X	暂停时间
程序号指定	P	子程序号
重复次数	P	子程序重复次数
参数	P,Q	固定循环参数

思考与训练

1-1 数控加工编程的主要内容有哪些?

1-2 数控机床上常用的编程方法有哪些?各有何特点?

1-3 试阐述数控铣床坐标轴的方向及命名规则。

1-4 什么是绝对坐标与增量坐标?

1-5 什么是机床原点、机床参考点?它们之间有何关系?

1-6 什么是机床坐标系、工件坐标系?机床坐标系与工件坐标系有何区别和联系?

1-7 什么是"字地址程序段格式"?为什么现在数控系统常用这种格式?

第2章　数控车床编程实训

【知识提要】　本章全面介绍数控车床编程。主要包括数控车床编程基础、数控车床基本编程实训、数控车床综合编程实训、数控车床提高编程实训、华中 HNC 系统编程实训等内容。主要以 FANUC 0i 系统为例来介绍。

【训练目标】　通过本章内容的学习，学习者应对数控车床的手工编程有全面认识，系统掌握数控车床编程指令的具体应用及典型零件的程序编制方法，具备数控车床编程技能。

2.1　数控车床编程基础

目前市场上数控车床及车削数控系统的种类很多，但其基本编程功能指令相同，只在个别编程指令和格式上有差异。本节以 FANUC 0i 数控系统为例来说明。

2.1.1　数控车床坐标系

1. 机床坐标系的建立

数控车床欲对工件的车削进行程序控制，必须首先建立机床坐标系。在数控车床通电之后，当完成了返回机床参考点的操作后，CRT 显示屏上立即显示刀架中心在机床坐标系中的坐标值，即建立起了机床坐标系。数控车床的机床原点一般设在主轴前端面的中心上。

2. 工件坐标系的建立

数控车床的工件原点一般设在主轴中心线与工件左端面或右端面的交点处。

工件坐标系设定后，CRT 显示屏上显示的是基准车刀刀尖相对于工件原点的坐标值。

加工时，工件各尺寸的坐标值都是相对工件原点而言的。数控车床工件坐标系与机床坐标系之间的关系如图 2-1 所示。

建立工件坐标系使用 G50 功能指令，具体见后续内容。

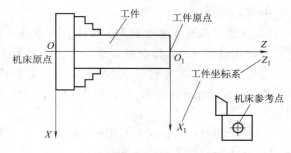

图 2-1　数控车床坐标系之间的关系

2.1.2　数控车床基本功能指令

2.1.2.1　F、S、T 指令

（1）F 指令（代码）——进给功能

F 指令表示工件被加工时刀具相对于工件的合成进给速度，F 的单位取决于 G98（每分钟进给量 mm/min）或 G99（每转进给量 mm/r），如图 2-2 所示。

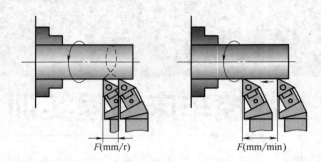

图2-2　转进给与分进给

① 设定每转进给量（mm/r）

指令格式：G99 F__；

指令说明：F后面的数字表示的是主轴每转进给量，单位为mm/r。如G99 F0.2表示进给量为0.2mm/r。

② 设定每分钟进给量（mm/min）

指令格式：G98 F__；

指令说明：F后面的数字表示的是每分钟进给量，单位为 mm/min。如"G98 F100;"表示进给量为100mm/min。

FANUC 0i系统默认状态为转进给（G99）。每分钟进给量与每转进给量之间的关系为：每分钟进给量(mm/min)=每转进给量(mm/r)×主轴转速(r/min)。

当工作在G01、G02或G03方式下，编程的F一直有效，直到被新的编程F值所取代，而工作在G00方式下，快速定位的速度是各轴的最高速度，与所编F无关。

💡注意：借助于机床控制面板上的倍率按键，F可在一定范围内进行修调，当执行螺纹切削循环时，倍率开关失效，进给倍率固定在100%。

（2）S指令——主轴速度功能

S功能主要用于控制主轴转速，其后跟的数值在不同场合有不同含义，具体如下：

① 恒切削速度控制

指令格式：G96 S__；

指令说明：S后面的数字表示的是恒定的切削速度（线速度），单位为m/min。如"G96 S150;"表示切削点线速度控制在150m/min。

G96指令用于接通机床恒线速控制。数控装置在刀尖位置处计算出主轴转速，自动而连续地控制主轴转速，使之始终达到由 S 指定的数值。设定恒线速可以使工件各表面获得一致的表面粗糙度。

💡注意：在恒线速控制中，由于数控系统是将 X 坐标值当作工件的直径来计算主轴转速，所以在使用 G96 指令前必须正确地设定工件坐标系。

对图 2-3 所示的零件，为保持A、B、C各点的线速度在150m/min，则各点在加工时的主轴转速分别为：

A：$n=1000×150/(\pi×40)=1193$r/min

B：$n=1000×150/(\pi×60)=795$r/min

C：$n=1000×150/(\pi×70)=682$r/min

② 最高转速控制（G50）

指令格式：G50 S__；

指令说明：S后面的数字表示的是最高转速，单位为r/min。如"G50 S3000;"表示最高转速限制为3000r/min。

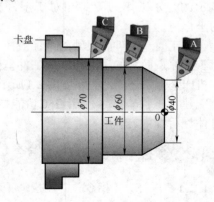

图2-3　恒切削速度控制

采用恒线速度控制加工端面、锥面和圆弧时，由于X坐标（工件直径）不断变化，故当刀具逐渐移近工件旋转中心时，主轴的转速就会越来越高，离心力过大，工件有可能从卡盘中飞出。为了防止事故，必须将主轴的最高转速限定在一个固定值。这时可用G50指令来限制主轴最高转速。

③ 直接转速控制（G97）

指令格式：G97 S＿；

指令说明：S后面的数字表示恒线速控制取消后的主轴转速，单位为r/min，如S未指定，将保留G96计算出的最终转速值。如"G97 S800；"表示恒线速控制取消后主轴转速为800r/min。

（3）T指令——刀具功能

指令格式：T＿；

指令说明：T指令用于选刀，其后的4位数字，前两位表示刀具序号，后两位表示刀具补偿号。执行T指令，转动转塔刀架，选用指定的刀具。当一个程序段同时包含T指令与刀具移动指令时，先执行T指令，而后执行刀具移动指令。

T指令同时调入刀补寄存器中的补偿值。

2.1.2.2 M指令——辅助功能

M指令由地址字M和其后的一位或两位数字组成，从M00到M99共100种。其主要用于控制机床各种辅助功能的开关动作，如主轴旋转开关、切削液开关等。

M功能有非模态M功能和模态M功能两种形式。

① 非模态M功能（当段有效代码） 只在书写了该代码的程序段中有效。

② 模态M功能（续效代码） 一组可相互注销的M功能，这些功能在被同一组的另一个功能注销前一直有效。模态M功能组中包含一个缺省功能，系统上电时将被初始化为该功能。

M功能还可分为前作用M功能和后作用M功能两类。前作用M功能在程序段编制的轴运动之前执行；后作用M功能在程序段编制的轴运动之后执行。

各种数控系统的M代码规定有差异，必须根据系统编程说明书选用。FANUC 0i系统常用的M功能代码见表2-1。

表2-1 M功能代码一览表

代码	是否模态	功能说明	代码	是否模态	功能说明
M00	非模态	程序停止	M03	模态	主轴正转（顺时针）
M01	非模态	选择停止	M04	模态	主轴反转（逆时针）
M02	非模态	程序结束	M05	模态	主轴停止
M30	非模态	程序结束并返回	M07	模态	切削液打开（雾状）
M98	非模态	调用子程序	M08	模态	切削液打开（液状）
M99	非模态	子程序结束	M09	模态	切削液关闭

下面仅介绍常用的几种M指令的功能及使用方法。

（1）程序停止指令M00

指令格式：M00；

指令说明：

① 系统执行M00指令后，机床的所有动作均停止，机床处于暂停状态，重新按下启动按钮后，系统将继续执行M00程序段后面的程序。若此时按下复位键，程序将返回到开始位置。此指令主要用于尺寸检验、排屑或插入必要的手工动作等。

② M00指令必须单独设一程序段。

（2）选择停指令M01

指令格式：M01；

指令说明：

① 在机床操作面板上有"选择停"开关，当该开关置ON位置时，M01功能同M00，当该开关置 OFF位置时，数控系统不执行M01指令。

② M01指令同M00一样，必须单独设一程序段。

（3）程序结束指令M30、M02

指令格式：M30（M02）；

指令说明：

① M30表示程序结束，机床停止运行，并且系统复位，程序返回到开始位置；M02表示程序结束，机床停止运行，程序停在最后一句。

② M30或M02应单独设置一个程序段。

（4）主轴旋转指令M03、M04、M05

指令格式：M03（M04） S__；

　　　　　…

　　　　　M05；

指令说明：

① M03启动主轴正转，M04启动主轴反转，M05使主轴停止转动，S 表示主轴转速，如"M04 S500；"表示主轴以500r/min转速反转。

② M03、M04、M05可以和G功能代码设在一个程序段内。

（5）切削液开关指令M08、M09

指令格式：M08；

　　　　　…

　　　　　M09；

指令说明：

① M08表示打开切削液，M09表示关闭切削液。

② M00、M01、M02、M30 指令均能关闭切削液；如果机床有安全门限位开关，则打开安全门时，切削液也会关闭。

2.1.2.3　G指令——准备功能

G功能指令由地址字G和其后一或两位数字组成，它用来规定刀具和工件的相对运动轨迹、机床坐标系、坐标平面、刀具补偿、坐标偏置等。

同组G代码不能在一个程序段中同时出现，如果同时出现，则最后一个G代码有效。G代码也分为模态码与非模态码。模态码一经指定一直有效，直到被同组G代码取代为止；非模态码只在本程序段有效，无续效性。FANUC 0i系统常用的G指令见表2-2。

表2-2　常用G指令（准备功能）一览表

G代码	组	功能	G代码	组	功能
*G00	01	快速定位	G04	00	暂停
G01		直线插补	G20	06	英制输入
G02		顺圆插补	*G21		公制输入
G03		逆圆插补	G27	00	返回参考点检查

续表

G代码	组	功能	G代码	组	功能
G28	00	返回参考位置	G74		端面车槽/钻孔复合循环
G32	01	螺纹切削	G75	00	外径/内径车槽复合循环
G34		变螺距螺纹切削	G76		复合螺纹切削循环
G36	00	自动刀具补偿X	G80		固定钻削循环取消
G37		自动刀具补偿Z	G83		钻孔循环
*G40	07	取消刀尖半径补偿	G84		攻螺纹循环
G41		刀尖半径左补偿	G85	10	正面镗循环
G42		刀尖半径右补偿	G87		侧钻循环
G50	00	坐标系或主轴最大速度设定	G88		侧攻螺纹循环
G52		局部坐标系设定	G89		侧镗循环
G53		机床坐标系设定	G90		外径/内径车削循环
*G54～G59	14	选择工件坐标系1～6	G92	01	螺纹车削循环
G65		调用宏指令	G94		端面车削循环
G70		精车循环	G96	02	恒表面切削速度控制
G71	00	外径/内径粗车复合循环	*G97		恒表面切削速度控制取消
G72		端面粗车复合循环	*G98	05	每分钟进给
G73		闭合车削复合循环	G99		每转进给

注：带*的指令为系统电源接通时的初始值。

2.1.3 数控车床基本编程指令

🔍 **特别提示：** 在 FANUC 0i 系统中，编程输入的任何坐标字（包括X、Y、Z、I、J、K、U、V、W、R等），在其整数值后须加小数点。如X100须记作X100.0，也可简写成X100.，否则系统认为坐标字数值为100×0.001mm＝0.1mm。

（1）公制与英制尺寸指定指令G20、G21

① 指令格式　G20/G21；

可在指定程序段与其他指令同行，也可独立占用一个程序段。

② 指令说明　英制尺寸的单位是英寸（in），公制尺寸的单位是毫米（mm）。

G20、G21是两个互相取代的G指令。一般机床出厂时，将毫米输入G21设定为参数缺省状态。用毫米输入程序时，可不再指定G21；但用英寸输入程序时，在程序开始时必须指定G20（在坐标系统设定前）。在一个程序中也可以毫米、英寸输入混合使用，在G20以后、G21未出现前的各程序段为英寸输入；在G21以后、G20未出现前的各程序段为毫米输入。G21、G20具有停电后续效性，为避免出现意外，在使用G20英寸输入后，在程序结束前务必加一条G21指令，以恢复机床的缺省状态。

（2）直径编程与半径编程方式指定

数控车床编程时，X坐标（径向尺寸）有直径指定和半径指定两种方法，采用哪种方法要由系统的参数决定。当用直径编程时，称为直径编程法；用半径编程时，称为半径编程法。由于被加工零件的径向尺寸在图中标注和测量时，都是以直径表

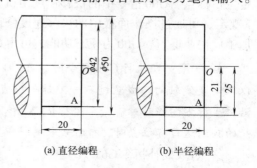

(a) 直径编程　　(b) 半径编程

图2-4　直径与半径编程方式

示，所以车床出厂时一般设定为直径编程。如需用半径编程，则要改变系统中相关的设定参数，使系统处于半径编程状态。

如图2-4（a）所示，A点的X坐标用直径编程时为X42；如图2-4（b）所示，用半径编程时为X21。

（3）绝对坐标和增量坐标指定

由于FANUC系统G90指令为纵向切削循环功能，所以不能再用来指定绝对值编程，因此直接用X、Z表示绝对坐标编程，用U、W表示增量坐标编程。

对图2-5所示的零件，如果刀具以0.2mm/r的速度按A→B→C直线进给，具体的编程如下。

绝对坐标编程：

N10 G01 X40. Z−30. F0.2；

N20 X60. Z−48.；

相对坐标编程：

N10 G01 U10. W−30. F0.2；

N20 U20 W−18.；

（4）刀具移动指令

① 快速定位指令G00

指令格式：G00 X（U）＿ Z（W）＿；

指令说明：X、Z为绝对坐标编程时，快速定位终点在工件坐标系中的坐标；U、W为增量坐标编程时，快速定位终点相对于起点的位移量。

例如：如图2-6所示，刀尖从A点快进到B点，分别用绝对坐标、增量坐标编程如下。

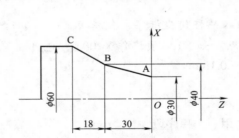

图2-5　绝对坐标与增量坐标编程

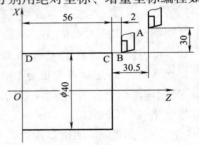

图2-6　G00指令编程

绝对坐标编程方式：G00 X40. Z58.；

增量坐标编程方式：G00 U−30. W−28.5；

G00指令刀具相对于工件以各轴预先设定的速度，从当前位置快速移动到程序段指令的定位目标点。G00指令中的快移速度由机床参数"快移进给速度"对各轴分别设定，不能用F规定，可通过操作面板中的快移速度修调开关进行调节。G00一般用于加工前快速定位或加工后快速退刀。G00为模态功能，可由G01、G02、G03或G32功能注销。

 注意：在执行G00指令时，各轴以各自速度移动，不能保证各轴同时到达终点，所以联动直线轴的合成轨迹不一定是一条直线；程序中只有一个坐标值 X 或 Z 时，刀具将沿该坐标方向移动；有两个坐标值 X 和 Z 时，刀具将先同时以同样的速度移动，当位移较短的轴到达目标位置时，行程较长的轴单独移动，直到终点。

② 直线插补指令G01

指令格式：G01 X（U）＿ Z（W）＿ F＿；

指令说明：X、Z为绝对坐标编程时终点在工件坐标系中的坐标；U、W为增量坐标编程时终点相对于起点的位移量；F为合成进给速度，在G98指令下，F为每分钟进给量（mm/min），在G99（默认状态）指令下，F为每转进给量（mm/r）。如图2-6所示，刀具从B点以F0.1（F=0.1mm/r）进给到D点的加工程序如下。

G01 X40. Z0. F0.1；（绝对坐标方式）或G01 U0 W−58. F0.1；（增量坐标方式）

G00 X40. W−58.；或 G00 U0. Z0.；（混合坐标方式）

G01指令刀具以联动的方式，按F规定的合成进给速度，从当前位置按线性路线（联动直线轴的合成轨迹为直线）移动到程序段指令的终点。一般将其作为切削加工运动指令，既可以单坐标移动，又可以两坐标同时插补运动。G01是模态代码，可由G00、G02、G03或G32注销。

【例2-1】 如图2-7所示，设零件各表面已完成粗加工，试用G00、G01指令编写加工程序。

绝对坐标编程：

G00 X18. Z2.；	A→B
G01 X18. Z−15. F0.1；	B→C
G01 X30. Z−26.；	C→D
G01 X30. Z−36.；	D→E
G01 X42. Z−36.；	E→F

增量坐标编程：

G00 U−62. W−58.；	A→B
G01 W−17. F0.1；	B→C
G01 U12. W−11.；	C→D
G01 W−10.；	D→E
G01 U12.；	E→F

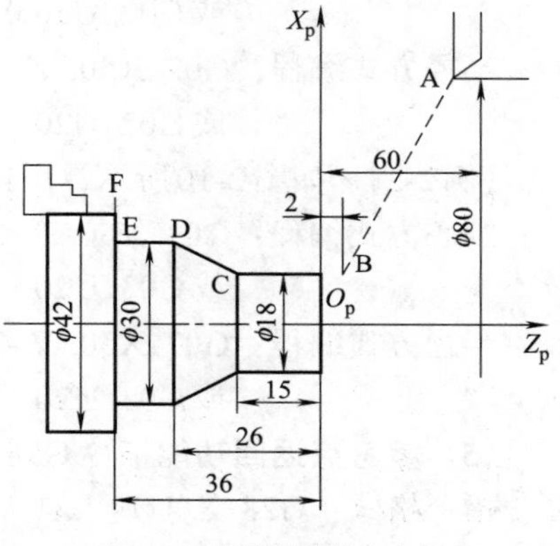

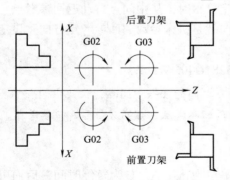

图2-7 直线插补指令实例

③ 圆弧插补指令G02、G03

指令格式：G02(G03) X(U)__ Z(W)__ R__ F__；

或G02(G03) X(U)__ Z(W)__ I__ K__ F__；

指令说明：G02为顺时针圆弧插补，G03为逆时针圆弧插补；X、Z为绝对坐标编程时，圆弧终点在工件坐标系中的坐标；U、W为增量坐标编程时，圆弧终点相对于圆弧起点的位移量；I、K为圆心相对于圆弧起点的坐标增量（等于圆心的坐标减去圆弧起点的坐标），在绝对、增量坐标编程时都是以增量方式指定，在直径、半径编程时I都是半径值；R为圆弧半径；F为被编程的两个轴的合成进给速度。

图2-8 圆弧顺逆的判断

后置刀架

前置刀架

注意： ①顺时针或逆时针是从垂直于圆弧所在平面的坐标轴的正方向看到的回转方向，所以前置刀架和后置刀架的圆弧顺逆判断是有区别的，如图2-8所示。对于同一零件，不管按前置刀架还是后置刀架编程，圆弧的顺逆方向是一致的，从而编写的程序也是通用的。②同时编入R与I、K时，R有效。

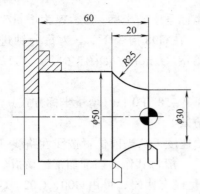

图2-9　G02顺时针圆弧插补

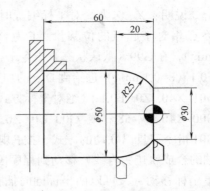

图2-10　G03逆时针圆弧插补

【例2-2】 如图2-9所示，用顺时针圆弧插补指令编程。

圆心方式编程：G02 X50.0 Z-20.0 I25. K0 F0.2；

　　　　　　或 G02 U20.0 W-20.0 I25. F0.2；

半径方式编程：G02 X50. Z-20. R25. F0.2；

　　　　　　或 G02 U20. W-20. R25. F0.2；

【例2-3】 如图2-10所示，用逆时针圆弧插补指令编程。

圆心方式编程：G03 X50. Z-20. I-15. K-20. F0.2；

　　　　　　或 G03 U20. W-20. I-15. K-20. F0.2；

半径方式编程：G03 X50. Z-20. R25. F0.2；

　　　　　　或 G03 U20. W-20. R25. F0.2；

（5）参考点返回功能指令G28

指令格式：G28 X(U)__ Z(W)__；

指令说明：X、Z为绝对坐标编程时中间点在工件坐标系中的坐标；U、W为增量坐标编程时中间点相对于起点的位移量。

G28指令首先使所有的编程轴都快速定位到中间点，然后再从中间点返回到参考点。G28指令一般用于刀具自动更换或者消除机械误差，执行该指令之前应取消刀尖半径补偿。电源接通后，在没有手动返回参考点的状态下，指定G28时，从中间点自动返回参考点，与手动返回参考点相同。这时从中间点到参考点的方向就是机床参数"回参考点方向"设定的方向。G28指令仅在其被规定的程序段中有效。

如图2-11所示的程序为：G28 X84. Z55.；或 G28 U40. W30.；。

💡 **注意：** X（U）、Z（W）是刀具出发点与参考点之间的任一中间点，但此中间点不能超过参考点。有时为保证返回参考点的安全，应先X向返回参考点，然后Z向再返回参考点。

（6）延时功能指令G04

指令格式：G04 X__ （U__或P__）；

指令说明：P为暂停时间，后面只能跟整数，单位为ms；X、U为暂停时间，后面可跟小数，单位为s。

G04指令按给定时间进行进给延时，延时结束后再自动执行下一段程序。在执行含G04指令的程序段时，先执行暂停功能。G04为非模态指令，仅在其被规定的程序段中有效。G04指令主要用于车削环槽、不通孔，可使刀具在短时间无进给方式下进行光整加工，如图2-12所示。

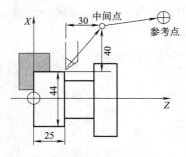

图2-11 G28指令实例

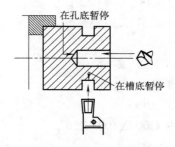

图2-12 G04指令功能

例如：程序暂停2.5s 的加工程序如下。

G04 X2.5；或 G04 U2.5；或 G04 P2500；

（7）工件坐标系设置指令G50

指令格式：G50 X__ Z__；

指令说明：X、Z为对刀点到工件坐标系原点的有向距离（即对刀点在要建立的工件坐标系中的坐标）。当执行G50 Xα Zβ指令后，系统内部即对（α，β）进行记忆，并建立一个使刀具当前点坐标值为（α，β）的坐标系，系统控制刀具在此坐标系中按程序进行加工。执行该指令只建立一个坐标系，刀具不产生运动。

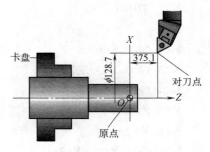

图2-13 G50指令实例

图2-13所示设置工件坐标系的程序段如下：

G50 X128.7 Z374.1；

🔍**注意**：用G50指令建立坐标系时，程序运行前刀具起始点的位置必须在对刀点上，这样才能建立正确的工件坐标系，但这必须通过对刀操作来将刀具起始点定位在对刀点上，实际使用时很麻烦，所以现在大多直接使用T指令在换刀的同时确定工件坐标系。

【例2-4】 数控车床基本指令应用编程实训1（如图2-14所示）。

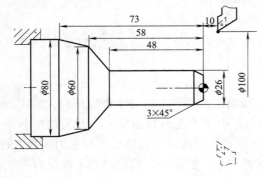

图2-14 基本指令编程实例1

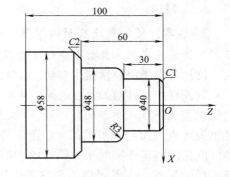

图2-15 基本指令编程实例2

O0024；	程序名
N1 G50 X100. Z10.；	定义对刀点的位置，建立工件坐标系
N2 M03 S600；	主轴正转，转速600r/min

N3 G00 X16. Z2.;	快速定位到倒角延长线，Z轴2mm处
N4 G01 X26. W–5. F0.2;	倒3mm×45°角
N5 Z–48.;	加工φ26mm外圆
N6 X60. Z–58.;	切第一段锥
N7 X80. Z–73.;	切第二段锥
N8 X90.;	退刀
N9 G00 X100. Z10.;	回对刀点
N10 M05;	停主轴
N11 M30;	程序结束并复位

【例2-5】 数控车床基本指令应用编程实训2（如图2-15所示）。

O0025;	程序名
N11 T0101;	换刀的同时，建立工件坐标系，不再使用G50，具体原理见3.3.1节
N12 M03 S600;	主轴正转，转速600r/min
N13 G00 X33. Z2.;	快速定位到倒角延长线，Z轴2mm处
N14 G01 X40. Z–1. F0.2;	倒C1角
N15 Z–30.;	加工φ40mm外圆
N16 X42.;	加工端面
N17 G03 X48. W–3.;	加工R3球面
N18 G01 Z–60.;	加工φ48mm外圆
N19 X54.;	加工端面
N20 X58. W–2.;	倒C2角
N21 Z–100.;	加工φ58mm外圆
N22 X60.;	退刀
N23 G00 X100. Z100.;	快速返回
N24 M05;	停主轴
N25 M30;	程序结束并复位

注意：该例题及后面的例题，如果未指定所用刀具号，均默认为T01号刀，其刀偏值（工件原点在机床坐标系中的坐标值）也默认为01。

（8）刀尖半径补偿指令G40、G41、G42

数控程序是针对刀具上的某一点即刀位点进行编制的，车刀的刀位点为理想尖锐状态下的假想刀尖P点（图2-16）。但实际加工中的车刀，由于工艺或其他要求，刀尖往往不是一理想尖锐点，而是一段圆弧。切削工件的右端面时，车刀圆弧的切削点与理想刀尖点P的Z坐标值相同，车外圆时车刀圆弧的切削点与点P的X坐标值相同，切削出的工件没有形状误差和尺寸误差，因此可以不考虑刀尖半径补偿。如果车削圆锥面和球面，则必存在加工误差，如图2-17所示，在锥面和球面处的实际切削轨迹和要求的轨迹之间存在误差，造成了过切或少切。

这一加工误差必须靠刀尖半径补偿的方法来修正。如图2-18（a）所示为假想刀尖沿着编程轮廓$A_0 \rightarrow A_1 \rightarrow A_2 \rightarrow A_3 \rightarrow A_4 \rightarrow A_5$切削，在锥面处产生误差。图2-18（b）为采用了刀尖半径

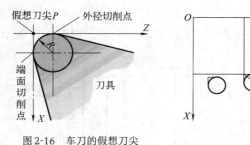

图 2-16 车刀的假想刀尖

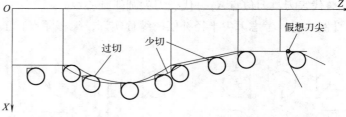

图 2-17 车刀的实际切削状态

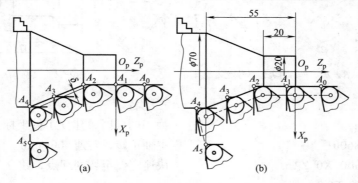

图 2-18 刀尖半径补偿及其效果

补偿后的情况，此时假想刀尖的运动轨迹 $A_0 \rightarrow A_1 \rightarrow A_2 \rightarrow A_3 \rightarrow A_4 \rightarrow A_5$ 并不是编程轮廓，而刀尖圆弧上的点沿着编程轮廓切削，从而避免了锥面车削时的少切，消除了加工误差。

具体可用 G41 指定刀尖半径左补偿，G42 指定刀尖半径右补偿，G40 取消刀尖半径补偿。刀尖半径补偿偏置方向的判别方法是：由 Y 轴的正向往负向看，如果刀具的前进路线在工件的左侧，则称为刀尖半径左补偿；如果刀具的前进路线在工件的右侧，则称为刀尖半径右补偿。具体判断方法如图 2-19 所示。

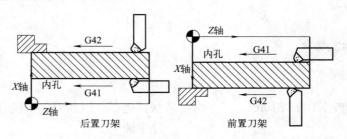

图 2-19 左补偿和右补偿的判断

指令格式：G41/G42 G00/G01 X＿ Z＿；

   …

   G40 G00/G01 X＿ Z＿；

指令说明：

① G41/G42 不带参数，其补偿值（代表所用刀具对应的刀尖半径补偿值）由 T 代码指定。其刀尖补偿号与刀具偏置补偿号对应。

② 刀尖半径补偿的建立与取消只能用 G00 或 G01 指令，不能用 G02 或 G03 指令。

刀尖半径补偿寄存器中，定义了车刀圆弧半径及刀尖的方向号。车刀刀尖的方向号定义了刀具刀位点与刀尖圆弧中心的位置关系，其从 0 到 9 有 10 个方向，如图 2-20 所示。图中，●代表刀具刀位点A，+代表刀尖圆弧圆心O。

【例2-6】 考虑刀尖半径补偿的编程实训，编程原点在工件右端面中心，如图2-21所示。

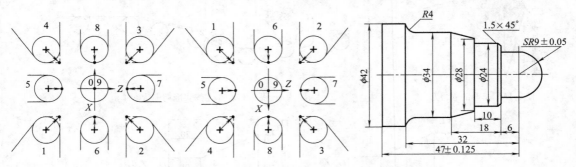

图2-20 车刀刀尖位置号定义　　　　　　　　图2-21 数控车床刀尖半径补偿编程

O0026;	程序名
N11 T0101;	换刀的同时，建立工件坐标系
N12 M03 S600;	主轴正转，转速600r/min
N13 G42 G00 X0 Z2.;	快速定位至切削起点，建立刀尖半径右补偿
N14 G01 Z0 F0.2;	
N15 G03 X18. Z−9. R9.;	
N16 G01 Z−15.;	
N17 X21.;	
N18 X24. W−1.5;	
N19 W−8.5;	
N20 X28.;	
N21 X33. W−8.;	
N22 Z−37.;	
N23 G02 X42. Z−41. R3.;	
N24 Z−56.;	
N25 X43.;	
N26 G40 G00 X100. Z100.;	快速返回，取消刀尖半径右补偿
N27 M05;	停主轴
N28 M30;	程序结束并复位

2.2　数控车床基本编程实训

2.2.1　阶梯轴零件的编程

如图2-22所示，车削台阶的过程为"切入→切削→退刀→返回"，沿A→B→C→D的常规编程为：

N1 G00 X50.;

N2 G01 Z−30. F0.1;

N3 X65.;

N4 G00 Z2.;

如果采用单一形状固定循环指令，则可只用一个循环指令完成上述四个动作，给编程带来很大的方便。下面具体介绍单一循环指令。

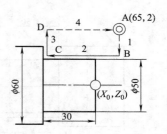

图2-22 台阶车削示意图

（1）纵向单一形状固定循环指令 G90

指令格式：G90 X(U)__ Z(W)__ R__ F__；

指令说明：X、Z 为切削终点的绝对坐标值；U、W 为切削终点相对于起点的坐标增量；R 为切削起点相对于终点的半径差。如果切削起点的 X 向坐标小于终点的 X 向坐标，R 值为负，反之为正。

图2-23 为 G90 的循环示意图。图中虚线（或 R）表示快速进给，实线（或 F）表示切削进给。

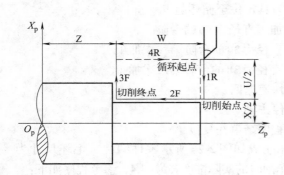

(a) 纵向圆柱面单一循环

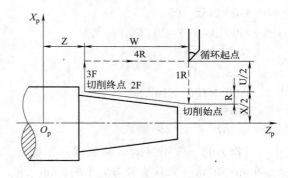

(b) 纵向圆锥面单一循环

图2-23 G90 的循环示意图

图2-22 所示的台阶车削，用单一循环编程可写为"G90 X50. Z-30. F100;"，这样可使得程序大大简化。一次循环完成刀具切入、切削、退刀和返回四个动作。

【例2-7】 应用纵向单一形状固定循环功能完成如图2-24所示零件编程。毛坯尺寸为 $\phi45mm \times 80mm$，每次直径方向车削余量5mm。参考程序如下：

O0027；	程序名
T0101；	换1号刀具，建立工件坐标系
M03 S600；	主轴正转，转速600r/min
G00 X47. Z2.；	刀具定位至循环起点
G90 X40. Z-30. F0.1；	刀具轨迹为 A→C→G→E→A
X35.；	刀具轨迹为 A→D→H→E→A
X30.；	刀具轨迹为 A→G→I→E→A
G00 X100. Z100.；	快速返回
M05；	停主轴
M30；	程序结束并复位

【例2-8】 应用纵向单一形状固定循环功能完成如图2-25所示零件编程。毛坯尺寸为 $\phi50mm \times 80mm$，每次直径方向车削余量4mm。参考程序如下：

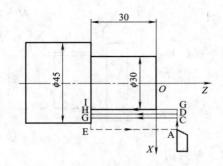

图 2-24　G90 编程实例 1

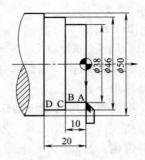

图 2-25　G90 编程实例 2

O0028；	程序名
T0101；	换 1 号刀具，建立工件坐标系
M03 S600；	主轴正转，转速 600r/min
G00 X52. Z3.；	刀具定位至循环起点
G90 X46. Z–20. F0.1；	加工直径为 46 的台阶
X42. Z–10.；	直径为 38 的台阶第一次加工
X38.；	直径为 38 的台阶第二次加工
G00 X100. Z100.；	快速返回
M05；	停主轴
M30；	程序结束并复位

【**例 2-9**】　应用纵向单一形状固定循环功能完成如图 2-26 所示零件编程。毛坯尺寸为 $\phi34mm×80mm$，每次直径方向车削 2mm 余量。车削时的实际锥度 R 为 –3.4，参考程序如下：

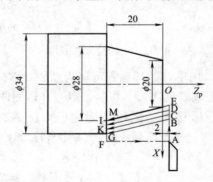

图 2-26　G90 编程实例 3

O0029；	程序名
T0101；	换 1 号刀具，建立工件坐标系
M03 S600；	主轴正转，转速 600r/min
G00 X36. Z2.；	刀具定位至循环起点
G90 X34. Z–20. R–3.4 F0.1；	刀具轨迹为 A→B→G→F→A
X32.；	刀具轨迹为 A→C→K→F→A
X30.；	刀具轨迹为 A→D→I→F→A
X28.；	刀具轨迹为 A→E→M→F→A
G00 X100. Z100.；	快速返回

M05；	停主轴
M30；	程序结束并复位

（2）横向（端面）单一形状固定循环指令G94

指令格式：G94 X(U)__ Z(W)__R __F __；

指令说明：X、Z为端面切削的终点坐标值；U、W为端面切削的终点相对于循环起点的坐标；R为端面切削的起点相对于终点在Z轴方向的坐标增量。当起点Z向坐标小于终点Z向坐标时R为负，反之为正。

图2-27为G94的循环示意图。图中R或虚线表示快速进给，实线F或表示切削进给。

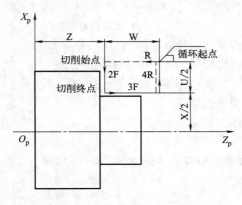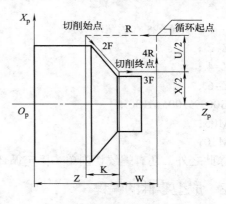

(a) 横向圆柱面单一循环　　　　　　(b) 横向圆锥面单一循环

图2-27　G94循环示意图

【例2-10】 应用横向单一固定循环功能完成如图2-28所示零件编程。毛坯尺寸为ϕ80mm×50mm，Z方向上车削余量前两次分别为2mm，第3次为1mm。参考程序如下：

O0210；	程序名
T0101；	换1号刀具，建立工件坐标系
M03 S600；	主轴正转，转速600r/min
G00 X82. Z2.；	刀具定位至循环起点
G94 X50. Z–2. F0.1；	刀具轨迹为A→F→E→B→A
Z–3.；	刀具轨迹为A→T→R→B→A
Z–5.；	刀具轨迹为A→L→U→B→A
G00 X100. Z100.；	快速返回
M05；	停主轴
M30；	程序结束并复位

【例2-11】 应用横向单一固定循环功能完成如图2-29所示零件编程。毛坯尺寸为ϕ30mm×60m，每次Z方向上车削2mm余量，车削时的实际锥度R为–12。参考程序如下：

O0211；	程序名
T0101；	换1号刀具，建立工件坐标系
M03 S600；	主轴正转，转速600r/min
G00 X33. Z2.；	刀具定位至循环起点
G94 X15. Z0 R–12. F0.1；	刀具轨迹为A→D→C→B→A

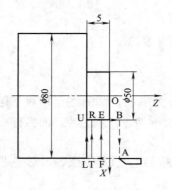

图 2-28 G94 编程实例 1

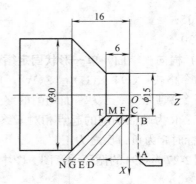

图 2-29 G94 编程实例 2

Z-2.;	刀具轨迹为 A→E→F→B→A
Z-4.;	刀具轨迹为 A→G→M→B→A
Z-6.;	刀具轨迹为 A→N→T→B→A
G00 X100. Z100.;	快速返回
M05;	停主轴
M30;	程序结束并复位

除此之外，还有螺纹切削单一固定循环功能指令 G92，该指令在 2.2.4 节介绍。

2.2.2 成型零件的编程

对于形状为连续轮廓的成型零件，运用复合循环指令，只需指定精加工路线和粗加工的背吃刀量，系统会自动计算粗加工路线和走刀次数。

(1) 外径/内径粗车复合循环指令 G71

该指令将工件切削到精加工之前的尺寸，精加工前工件形状及粗加工的刀具路径由系统根据精加工尺寸自动设定。

指令格式：G71 U(Δd) R(e)；

　　　　　　G71 P(ns) Q(nf) U(Δu) W(Δw) F(f_1) S(s_1) T(t_1)；

　　　　　　N(ns)…

　　　　　　…F(f_2) S(s_2) T(t_2)；

　　　　　　…

　　　　　　N(nf)…

指令说明：

① 该指令用于棒料毛坯循环粗加工，切削沿平行 Z 轴的方向进行，其循环过程如图 2-30 所示，A 为循环起点，A′→B 是工件的轮廓线，A→A′→B 为精加工路线，粗加工时刀具从 A 点后退 Δu/2、Δw 至 C 点，即自动留出精加工余量。

② G71 后紧跟的顺序号 ns 至 nf 之间的程序段描述刀具切削的精加工路线（即工件轮廓），在 G71 指令中给出精车余量 Δu、Δw 及背吃刀量 Δd，CNC 装置会自动计算出粗车次数、粗车路径并控制刀具完成粗车加工，最后会沿轮廓 A′→B 粗车一刀，完成整个粗车循环。

③ Δd 表示每次切削深度（半径值），无正负号；e 表示退刀量（半径值），无正负号；ns 表示精加工路线第一个程序段的顺序号；nf 表示精加工路线最后一个程序段的顺序号；Δu 表示 X 方向的精加工余量（直径值）；Δw 表示 Z 方向的精加工余量；f_1、s_1、t_1 分别指定粗加工的进给速度、主轴转速和所用刀具，f_2、s_2、t_2 分别指定精加工的进给速度、主轴转速和所用刀具。

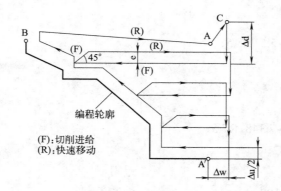

图2-30 G71循环示意图

④ 使用循环指令编程，首先要确定循环起点的位置。循环起点A的X坐标应位于毛坯尺寸之外，即循环起点A的X坐标必须大于毛坯的直径，Z坐标值应比轮廓始点A'的Z坐标值大2~3mm。

⑤ 由循环起点到A'的路径（精加工程序段的第一句）只能用G00或G01指令，而且必须有X方向的移动指令，不能有Z方向的移动指令。

⑥ 车削的路径必须是X方向单调增大，不能有内凹的轮廓。

【例2-12】 如图2-31所示，用G71粗车复合循环指令编程。毛坯尺寸为$\phi40mm\times80mm$，所用刀具为T01外圆车刀。

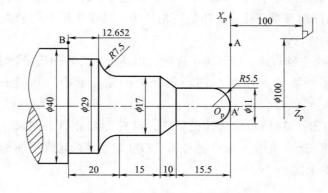

图2-31 外轮廓粗加工复合循环应用实例

O0212;	程序名
N11 T0101;	换1号刀，建立工件坐标系
N12 M03 S600;	主轴正转，转速600r/min
N13 G00 X42. Z2.;	快速定位至循环起点
N14 G71 U2. R1.;	外圆粗车复合循环，每次单边切削深度2mm，退刀量1mm
N15 G71 P16 Q24 U0.3 W0.1 F0.2;	精加工起始段号N16，结束段号N24，X方向精加工余量0.3mm，Z方向精加工余量0.1mm，粗加工进给速度0.2mm/r
N16 G00 X0;	

N17 G01 Z0;

N18 G03 X11. W−5.5 R5.5;

N19 G01 W−10.;

N20 X17. W−10.;

N21 W−15.;

N22 G02 X29. W−7.348 R7.5;

N23 G01 W−12.652;

N24 X42.;   退刀

N25 G00 X100. Z100.;   快速返回

N26 M05;   停主轴

N27 M30;   程序结束并复位

（2）精车循环指令 G70

由 G71（包括后面即将讲述的 G72、G73）完成粗加工后，需用 G70 进行精加工，切除粗加工中留下的余量。

指令格式：G70 P(ns) Q(nf);

指令说明：

① 指令中的 ns、nf 与前面指令的含义相同。在 G70 状态下，ns 至 nf 程序中指定的 F、S、T 有效；当 ns 至 nf 程序中不指定 F、S、T 时，则粗车循环中指定的 F、S、T 有效。

② 粗车循环后用精车循环指令 G70 进行精加工，将粗车循环剩余的精车余量去除，加工出符合图纸要求的零件。

③ 精车时要提高主轴转速，降低进给速度，以达到零件表面质量要求。

④ 精车循环指令通常使用粗车循环指令中的循环起点，因此不必重新指定循环起点。

【例 2-13】 加工图 2-32 所示阶梯孔类零件，材料为 45 钢，毛坯尺寸为 ϕ50mm×50mm，设外圆及端面已加工完毕，用粗车复合循环指令 G71 编写其内轮廓粗加工程序，并用精车循环指令 G70 完成精加工。

① 加工方法

a. 用 ϕ3mm 的中心钻手工钻削中心孔；b. 用 ϕ20mm 钻头手工钻 ϕ20mm 孔；c. T01 内孔镗刀粗镗削内孔；d. T02 内孔镗刀精镗削内孔。工件坐标系及起刀点如图 2-33 所示。

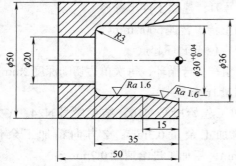

图 2-32　内轮廓复合循环应用实例

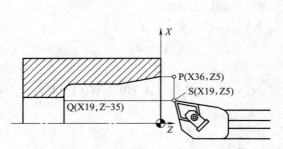

图 2-33　工件坐标系及起刀点设置

② 程序编写

O0213;	程序名
G98;	初始化，指定分进给
T0101;	换1号刀，建立工件坐标系，粗镗内孔
M03 S500;	主轴正转，转速500r/min
G00 X19. Z5.;	快速定位至循环起点
G71 U1. R0.5;	内径粗车复合循环
G7l P10 Q20 U−0.3 W0.1 F80;	X方向的精加工余量必须为负值
N10 G00 X36.;	精加工起始段
G01 Z0;	
X30. Z−15.;	
Z−32.;	
G03 X24. Z−35. R3.;	
N20 X19.;	精加工结束段
G00 Z2.;	Z方向快速退刀
X100. Z100.;	快速返回换刀点
T0202;	换2号刀，建立工件坐标系，精镗内孔
S800 F50;	主轴转速800r/min，进给速度50mm/min
G00 X19. Z5.;	快速定位至循环起点
G70 P10 Q20;	精车固定循环，完成精加工
X100. Z100.;	快速返回换刀点
M05;	停主轴
M30;	程序结束并复位

（3）端面粗车复合循环指令G72

指令格式：G72 W(Δd) R(e);

G72 P(ns) Q(nf) U(Δu) W(Δw) F(f) S(s) T(t);

指令说明：

① 除切削是沿平行X轴的方向进行外，该指令功能与G71相同，其循环过程如图2-34所示。

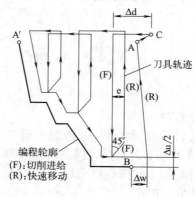

图2-34 G72循环示意图

② Δd为背吃刀量（Z方向），其他参数同G71。

③ 端面粗车复合循环适于Z方向余量小，X方向余量大的棒料粗加工。

④ 精加工程序段的第一句只能写Z值，不能写X或X、Z同时写入。

⑤ 端面（Z方向）不能有内凹的轮廓。

【例2-14】 按图2-35所示尺寸编写端面粗车复合循环加工程序。毛坯尺寸为ϕ40mm×60mm，所用刀具为T01端面车刀。

O0214	
N11 T0101;	换1号刀，建立工件坐标系
N12 M03 S600;	主轴正转，转速600r/min
N13 G00 X42. Z2.;	快速定位到循环起点
N14 G72 W2. R1.;	端面粗车复合循环，每次切削深度2mm，退刀量1mm
N15 G72 P16 Q19 U0.1 W0.3 F0.2;	精加工起始段号N16，结束段号N19，X方向精加工余量0.1mm，Z方向精加工余量0.3mm，粗加工进给速度0.2mm/r
N16 G00 Z−31.;	精加工开始
N17 G01 X20. Z−20.;	
N18 Z−2.;	
N19 X14. Z1.;	精加工结束
N20 G00 X100. Z100.;	快速返回
N21 M05;	停主轴
N22 M30;	程序结束并复位

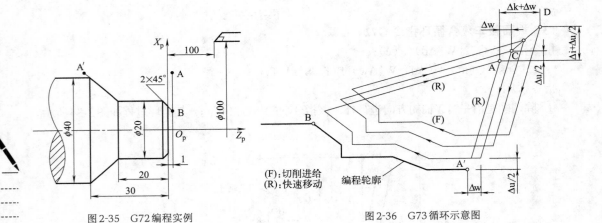

图2-35 G72编程实例　　　　　　图2-36 G73循环示意图

(F):切削进给
(R):快速移动
编程轮廓

（4）闭合车削复合循环指令G73

它适用于毛坯轮廓形状与零件轮廓形状基本接近时的粗车。例如，一些锻件、铸件的粗车，采用G73指令进行粗加工将大大节省工时，提高切削效率。其功能与G71、G72基本相同，所不同的是刀具路径按工件精加工轮廓进行循环。

指令格式：G73 U(Δi) W(Δk) R(d)；

　　　　　G73 P(ns) Q(nf) U(Δu) W(Δw) F(f) S(s) T(t)；

指令说明：

① Δi为X轴方向的总退刀量，也就是X轴方向的粗车余量（半径值）；Δk为Z轴方向的

总退刀量，也就是 Z 轴方向的粗车余量；d 为粗车循环次数；其他参数同 G71。其循环过程如图 2-36 所示。

② 该指令可以切削有内凹的轮廓。

💡注意：G73 粗车循环模式用于毛坯为棒料的工件切削时，会有较多的空刀行程，棒料毛坯应尽可能使用 G71、G72 粗车循环模式。

【**例 2-15**】　如图 2-37 所示，应用闭合车削复合循环指令 G73 和精车固定循环指令 G70 编程。参考程序如下。

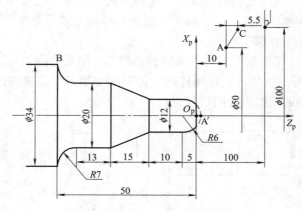

图 2-37　G73 编程实例

O0215;	
N11 T0101;	换 1 号刀，建立工件坐标系
N12 M03 S600;	主轴正转，转速 600r/min
N13 G00 X50. Z10.;	快速定位到循环起点
N14 G73 U13.53 W0. R10;	闭合车削复合循环，X 方向粗加工总余量 13.53mm，Z 方向粗加工总余量 0mm，粗加工次数为 10 次
N15 G73 P16 Q23 U0.3 W0.1 F0.2;	精加工起始段号 N16，结束段号 N23，X 方向精加工余量 0.3mm，Z 方向精加工余量 0.1mm，粗加工进给速度 0.2mm/r
N16 G00 X3.32;	精加工开始
N17 G01 Z0;	
N18 G03 X12. W–5. R6.;	
N19 G01 W–10.;	
N20 X20. W–15.;	
N21 W–13.;	
N22 G02 X34. W–7. R7.;	
N23 G01 X36.;	精加工结束
N24 G00 X100. Z100.;	
N25 G00 G41 X40. Z2. S1000;	快速进刀，建立半径补偿

N26 G70 P16 Q23 F0.1；　　　　　　精车复合循环，精加工进给速度 0.1mm/r

N27 G40 G00 X100. Z100.；　　　　　快速返回，取消半径补偿

N28 M05；　　　　　　　　　　　　停主轴

N29 M30；　　　　　　　　　　　　程序结束并复位

2.2.3　切槽及切断编程

（1）切槽加工编程

① 切槽加工特点　切槽及切断是数控车床加工的一个重要组成部分。切槽的主要形式有：在外圆面上加工沟槽；在内孔面上加工沟槽；在端面上加工沟槽。切槽加工的编程尺寸包括槽的位置、槽的宽度和深度等。

② 切槽加工刀具　切槽加工刀具有高速钢切槽刀、硬质合金刀片安装在特殊刀柄上的可转位切槽刀等。如图 2-38 所示，在圆柱面上加工的切槽刀，以横向进给为主，前端的切削刃为主切削刃，两侧的切削刃为副切削刃。

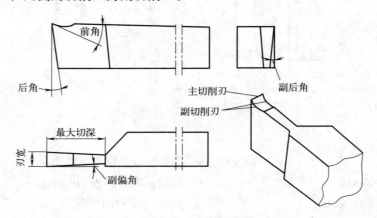

图 2-38　切槽刀的结构

凹槽加工刀片的类型各种各样，凹槽加工刀具的参考点通常设置在凹槽加工刀片的左侧。如图 2-39 所示为切槽刀的类型。

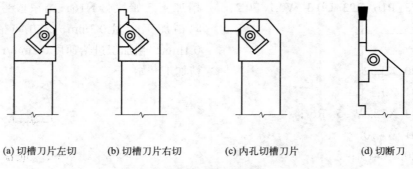

(a) 切槽刀片左切　　　(b) 切槽刀片右切　　　(c) 内孔切槽刀片　　　(d) 切断刀

图 2-39　切槽刀的类型

③ 切槽刀具的选用与安装　选用切槽刀时，主切削刃宽度不能大于槽宽，主切削刃太宽会因切削力太大而振动。可以使用较窄的刀片经过多次切削加工一个较宽的槽。但主切削刃也不能太窄，主切削刃太窄又会削弱刀体强度。

💡**注意**：切槽刀的刀片长度要略大于槽深，刀片太长，强度较差，在选择刀具的几何

参数和切削用量时，要特别注意提高切槽刀的强度。切槽刀安装时，不宜伸出过长，同时切槽刀的中心线必须与工件中心线垂直，以保证两个副偏角对称。主切削刃必须装得与工件中心等高。

④ 编程实训

【例2-16】 直槽编程：如图2-40所示零件，切槽刀宽度为3mm，装在刀架的3号刀位。主轴转速300r/min，进给速度20mm/min，编程原点在工件右端面中心。

O0216;	程序名
G98;	初始化，指定分进给
T0303;	换3号刀，建立工件坐标系
M03 S300;	主轴正转，转速300r/min
G00 X40. Z-12.;	快速定位到切槽起点（槽左边沿）
G01 X30. F20;	切槽，进给速度为20mm/min
G04 P2000;	槽底暂停2s
G00 X40.;	快速退刀
W2.;	向右偏移2mm
G01 X30.;	第2次切槽
G04 P2000;	槽底暂停2s
G00 X40.;	快速退刀
G00 X100. Z100.;	快速返回
M05;	停主轴
M30;	程序结束并复位

【例2-17】 带反倒角切槽编程：如图2-41所示零件，切槽刀宽度为3mm，装在刀架的3号刀位。主轴转速300r/min，进给速度20mm/min，编程原点在工件右端面中心。参考程序如下。

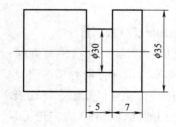

图2-40 直槽编程实例

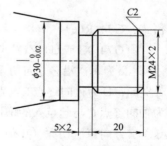

图2-41 带反倒角切编程实例

O217;	程序名
G98;	初始化，指定分进给
T0303;	换3号刀，建立工件坐标系
M03 S300;	主轴正转，转速300r/min
G00 X35. Z-25.;	快速定位到切槽起点
G01 X20. F20;	切槽，切削宽度3mm
G04 P2000;	槽底暂停2s

G00 X28.;	快速退刀
W2.;	向右偏移2mm
G01 X20.;	再次切槽
G04 P2000;	槽底暂停2s
G00 X28.;	快速退刀
Z-19.;	左刀尖编程位置，右刀尖在反倒角延长线 X28、Z-16
G01 X20. Z-23.;	左刀尖到X20、Z-23，右刀尖加工反倒角
G04 P2000;	槽底暂停2s
G00 X35.;	快速退刀
X100. Z100.;	快速返回换刀点
M05;	停主轴
M30;	程序结束并复位

⑤ 端面车槽复合循环指令G74　端面车槽复合循环指令可以实现轴向深槽的加工，循环动作如图2-42所示。如果忽略了X(U)和P，只有Z轴运动，则可作为Z轴深孔钻削循环。

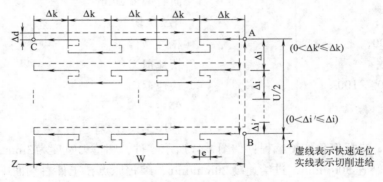

图2-42　G74循环过程

指令格式：G74　R(e)；

　　　　　　G74　X(或U)　Z(或W)　P(Δi)　Q(Δk)　R(Δd)　F(f)；

指令说明：e为每次沿Z方向切入Δk后的退刀量（正值）；X为径向（槽宽方向）切入终点B的绝对坐标，U为径向终点B与起点A的增量；Z为轴向（槽深方向）切削终点C的绝对坐标，W为轴向终点C与起点A的增量；Δi为X方向每次循环移动量（正值、半径表示，单位为μm）；Δk为Z方向每次切深（正值，单位为μm）；Δd为切削到终点时X方向退刀量（正值，单位为μm），通常不指定，如果省略X(U)和Δi时，要指定退刀方向的符号；f为进给速度。

指令格式中e和Δd都用地址R指定，其意义由X(U)决定，如果指定了X(U)时，就为Δd。

💡**注意：**当省略参数P和R时，该指令也可以用于钻削端面深孔。具体应用如下。

指令格式：G74　R(e)；

　　　　　　G74　Z（或W）Q(Δk)　F(f)；

指令说明：e为每次沿Z方向钻入Δk后的退刀量（正值）；Z为孔底的绝对坐标；W为孔底与循环起点的增量；Δk为Z方向每次钻削深度（正值，单位为μm）；f为钻孔的进给速度。

【例2-18】 如图2-43所示端面槽,槽宽为15mm,槽深为7mm,应用端面车槽复合循环指令G74编程。切槽刀宽度为4mm,装在刀架的3号刀位,主轴转速300r/min,进给速度20mm/min,编程原点在工件右端面中心。参考程序如下。

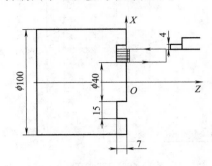

图2-43 G74切槽编程实例

O0218;	程序名
T0303;	换3号刀,建立工件坐标系
M03 S300;	主轴正转,转速300r/min
G00 X62. Z5.;	快速定位到循环起点(左刀尖)
G74 R0.5;	端面车槽循环,Z方向退刀量0.5mm
G74 X40. Z-7. P3500 Q4000 R500 F0.05;	端面车槽循环,X方向每次循环移动量3.5mm,Z方向每次切深4mm;X方向退刀量0.5mm
G00 X100. Z100.;	快速返回换刀点
M05;	主轴停
M30;	程序结束并复位

【例2-19】 如图2-44所示端面深孔,孔深为30mm,孔径为12mm,应用端面钻孔复合循环指令G74编程。钻头直径为12mm,装在刀架的2号刀位,主轴转速300r/min,进给速度20mm/min,编程原点在工件右端面中心。参考程序如下。

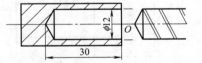

图2-44 G74钻孔编程实例

O0219;	程序名
T0202;	换2号刀具,建立工件坐标系
M03 S300;	主轴正转
G00 X0 Z5.;	刀具定位至循环起点
G74 R0.3;	端面钻深孔循环,Z方向退刀量0.3mm
G74 Z-30. Q8000 F0.1;	端面钻深孔循环,Z方向每次钻深8mm
G00 Z100. X100.;	快速返回换刀点
M05;	停主轴
M30;	程序结束并复位

⑥ 外径/内径车槽复合循环指令G75 外径/内径车槽复合循环指令可以实现径向深槽的加工,循环动作如图2-45所示。

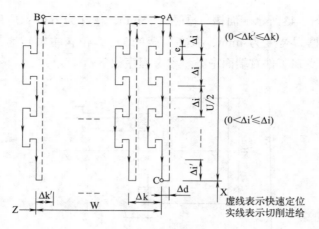

图2-45 G75循环过程

指令格式：G75 R(e)；

G75 X(或U) Z(或W) P(Δi) Q(Δk) R(Δd) F(f)；

指令说明：e为每次沿X方向切入Δi后的退刀量（正值）；X为径向（槽深方向）切削终点C的绝对坐标，U为径向终点C与起点A的增量；Z为轴向（槽宽方向）切入终点B的绝对坐标，W为轴向终点B与起点A的增量；Δi为X方向每次切深（正值、半径表示，单位为μm）；Δk为Z方向每次循环移动量（正值，单位为μm）；Δd为切削到终点时Z方向退刀量（正值，单位为μm），通常不指定，如果省略Z(W)和Δk时，要指定退刀方向的符号；f为进给速度。

指令格式中e和Δd都用地址R指定，其意义由Z(W)决定，如果指定了Z(W)，就为Δd。

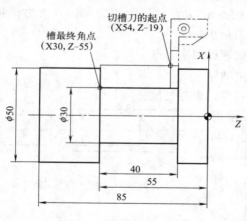

图2-46 G75编程实例

【例2-20】 如图2-46所示外径槽，槽宽为40mm，槽深为10mm，应用径向车槽复合循环指令G75编程。切槽刀宽度为4mm，装在刀架的2号刀位，X方向每次啄式切深3mm，退刀量0.3mm，Z向移动量3mm，相邻两次切削有1mm的重叠量。主轴转速300r/min，进给速度0.05mm/r，编程原点在工件右端面中心。参考程序如下。

O0220;　　　　　　　　　程序名

T0202;　　　　　　　　　换2号刀具，建立工件坐标系

M03 S300;　　　　　　　主轴正转，转速300r/min

G00 X54. Z-19.;　　　　刀具定位至循环起点

G75 R0.3;　　　　　　　外径车槽循环，X方向退刀量0.3mm

G75 X30. Z-55. P3000 Q3000 R500 F0.05;

　　　　　　　　　　　　外径车槽循环，Z方向每次循环移动量3mm,

　　　　　　　　　　　　X方向每次切深3mm；Z方向退刀量0.5mm

G00 X100. Z100.;　　　　快速返回换刀点

M05;　　　　　　　　　　停主轴

M30;　　　　　　　　　　　　　　　　　程序结束并复位

（2）切断加工编程

① 切断加工的特点　切断与切槽加工的目的略有区别，切断是从棒料上分离出完整的工件，而切槽加工是在工件上加工出有一定宽度、深度和精度的槽。

② 切断刀及选用　切断刀的设计与切槽刀相似，但是切断刀的刀头长度比切槽刀要长得多，这也使得它可以适用于深槽加工。

切断刀主切削刃太宽，会造成切削力过大而引起振动，同时也会浪费工件材料；主切削刃太窄，又会削弱刀头强度，容易使刀头折断。通常，切断钢件或铸铁材料时，可用下面公式计算：

$$a = (0.5 \sim 0.6)\sqrt{D}$$

式中　a——主切削刃宽度，mm；

　　　D——工件待加工表面直径。

切断刀太短，不能安全到达主轴旋转中心，过长则没有足够的刚度，且在切断过程中会产生振动甚至折断。刀头长度 L 可用下列公式计算：

$$L = H + (2 \sim 3)$$

式中　L——刀头长度，mm；

　　　H——切入深度，mm。

③ 注意事项

a. 当切断毛坯或具有不规则表面的工件时，切断前先用外圆车刀把工件车圆，或开始切断毛坯部分时，尽量减小进给量，以免发生"啃刀"。

b. 工件应装夹牢固，切断位置应尽可能靠近卡盘。在切断用一夹一顶装夹的工件时，工件不应完全切断，而应在工件中心留一细杆，待卸下工件后再用榔头敲断。否则，切断时会造成事故并折断切断刀。

c. 切断刀排屑不畅时，使切屑堵塞在槽内，会造成刀头负荷增大而折断。故切断时应注意及时排屑，防止堵塞。

d. 切断前刀具定位点在 X 方向应与工件外圆有足够的安全间隙，Z 方向坐标与工件长度有关，又与刀位点选择为左或右刀尖有关。

切断时切削速度通常为外圆切削速度的 60%～70%，进给量一般选择 0.05～0.3mm/r。

④ 切断编程实训

【例2-21】　如图2-47所示工件，假设工件轮廓已加工完毕，选用刃宽为4mm的切断刀进行切断。

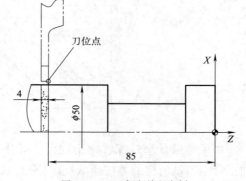

图2-47　G75切断编程实例

以右刀尖为刀位点，切断起始点的位置坐标为（53，-85），切断刀的刀号为T02。参考程序如下：

O0221;　　　　　　　　　　　　程序名
T0202;　　　　　　　　　　　　换2号刀，建立工件坐标系
G98;　　　　　　　　　　　　　初始化，指定分进给
M03 S300;　　　　　　　　　　主轴正转，转速300r/min
G00 X53. Z-85. M08;　　　　　右刀尖定位到切断位置，开切削液
G01 X0 F30;　　　　　　　　　切槽
G00 X53.;　　　　　　　　　　快速退刀

G00 X100. Z100.;	快速返回换刀点
M09;	关切削液
M05;	停主轴
M30;	程序结束并复位

2.2.4 螺纹加工编程

（1）螺纹加工的基础知识

螺纹切削加工方法如图2-48所示。螺纹切削时主轴的旋转和螺纹刀的进给之间必须有严格的对应关系，也即主轴每转一圈，螺纹刀刚好移动一个螺距。

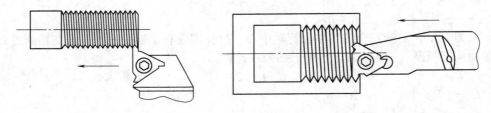

图2-48　螺纹切削加工方法示意

螺纹牙型高度是指在螺纹牙型上，牙顶到牙底之间垂直于螺纹轴线的距离，如图2-49所示。它是车削时车刀的总切入深度。普通螺纹的牙型理论高度$H=0.866P$，实际加工时，由于受螺纹车刀刀尖半径的影响，螺纹的实际切深有变化。螺纹实际牙型高度可按下式计算：

$$h=H-2(H/8)=0.6495P≈0.65P$$

式中　H——螺纹原始三角形高度，$H=0.866P$，mm（P为螺距，mm）。

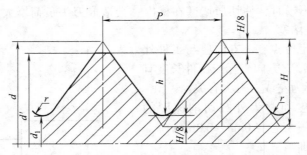

图2-49　螺纹牙型高度

如果螺纹牙型较深、螺距较大，可分几次进给。每次进给的背吃刀量用螺纹深度减去精加工背吃刀量所得的差按递减规律分配，如图2-50所示。图2-50（a）所示为斜进法进刀方法，由于单侧刀刃切削工件，刀刃容易损伤和磨损，使加工的螺纹面不直，刀尖角发生变化，而造成牙型精度较差。但由于其为单侧刃工作，刀具负载较小，排屑容易，并且切削深度为递减式，因此，此加工方法一般适用于大螺距低精度螺纹的加工。此加工方法排屑容易，刀刃加工工况较好，在螺纹精度要求不高的情况下，此加工方法更为简捷方便。

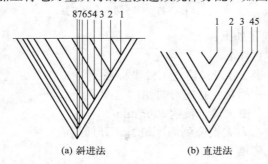

（a）斜进法　　　　（b）直进法

图2-50　螺纹切削进刀方法

图 2-50（b）所示为直进法进刀方法，由于刀具两侧刃同时切削工件，切削力较大，而且排削困难，因此在切削时，两切削刃容易磨损。在切削螺距较大的螺纹时，由于切削深度较大，刀刃磨损较快，从而造成螺纹中径产生误差。但由于其加工的牙型精度较高，因此一般多用于小螺距高精度螺纹的加工。由于其刀具移动切削均靠编程来完成，所以加工程序较长。由于刀刃在加工中易磨损，因此在加工中要经常测量。

如果需加工高精度、大螺距的螺纹，则可采用斜进法与直进法混用的方法，即先用斜进法（编程时用 G76 指令）进行螺纹粗加工，再用直进法（编程时用 G92 指令）进行精加工。需要注意的是粗精加工时的起刀点要相同，以防止产生螺纹乱扣。

常用螺纹切削的进给次数与背吃刀量可参考表 2-3 选取。在实际加工中，当用牙型高度控制螺纹直径时，一般通过试切来满足加工要求。

表2-3　螺纹切削进给次数及背吃刀量

米制螺纹/mm							
螺距	1.0	1.5	2	2.5	3	3.5	4
牙深(半径量)	0.649	0.974	1.299	1.624	1.949	2.273	2.598
切削次数及背吃刀量 (直径量) 1次	0.7	0.8	0.9	1.0	1.2	1.5	1.5
2次	0.4	0.6	0.6	0.7	0.7	0.7	0.8
3次	0.2	0.4	0.6	0.6	0.6	0.6	0.6
4次		0.16	0.4	0.4	0.4	0.4	0.6
5次			0.1	0.4	0.4	0.4	0.4
6次				0.15	0.4	0.4	0.4
7次					0.2	0.2	0.4
8次						0.15	0.3
9次							0.2
英制螺纹/mm							
牙数(牙/in)	24	18	16	14	12	10	8
牙深(半径量)	0.678	0.904	1.016	1.162	1.355	1.626	2.033
切削次数及背吃刀量 (直径量) 1次	0.8	0.8	0.8	0.8	0.9	1.0	1.2
2次	0.4	0.6	0.6	0.6	0.6	0.7	0.7
3次	0.16	0.3	0.5	0.5	0.6	0.6	0.6
4次		0.11	0.14	0.3	0.4	0.4	0.5
5次				0.13	0.21	0.4	0.5
6次						0.16	0.4
7次							0.17

（2）单行程车螺纹指令 G32

指令格式：G32　X(U)__　Z(W)__　F__；

指令说明：X(U)、Z(W) 为螺纹切削的终点坐标值，X(U) 省略时为圆柱螺纹切削，Z(W) 省略时为端面螺纹切削，X(U)、Z(W) 均不省略时为锥螺纹切削；F 表示长轴方向的导程，对于圆锥螺纹，其斜角 α 在 45°以下时，Z 方向为长轴，斜角 α 在 45°~90°时，X 方向为长轴。

💡注意：螺纹切削应注意在两端设置足够的升速进刀段（引入量）δ_1 和降速退刀段（超越量）δ_2。

【例2-22】　试编写如图 2-51 所示直螺纹的加工程序（螺距2mm，升速进刀段 δ_1=3mm，降速退刀段 δ_2=1.5mm）。这里只给出前两刀车削程序，其余省略。

……

G00 U−60.9；	下刀，第一次吃刀量 0.9mm
G32 W−73.5 F2；	螺纹切削
G00 U60.9；	退刀
W73.5；	快速返回
U−61.5；	下刀，第二次吃刀量 0.6mm
G32 W−73.5；	螺纹切削
G00 U61.5；	退刀
W73.5；	快速返回

……

【例 2-23】 试编写如图 2-52 所示锥螺纹的加工程序。已知锥螺纹切削参数：螺纹螺距 2mm，引入量 δ_1=2mm，超越量 δ_2=1mm。这里只给出前两刀车削程序，其余省略。

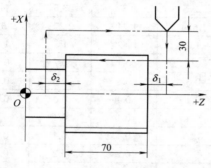

图 2-51 G32 直螺纹切削

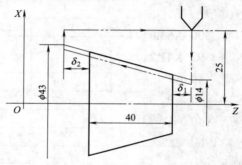

图 2-52 G32 锥螺纹切削

……

N10 G00 X13.1；	下刀，第一次吃刀量 0.9mm
N11 G32 X42.1 W−43. F2；	螺纹切削
N12 G00 X50.；	退刀
N13 W43.；	快速返回
N14 X12.5；	下刀，第二次吃刀量 0.6mm
N15 G32 X41.5 W−43 F2；	螺纹切削
N16 G00 X50.；	退刀
N17 W43.；	快速返回

……

由上面两例可以看出，该指令编写螺纹加工程序烦琐，计算量大，一般很少使用。

（3）螺纹车削单一固定循环指令 G92

指令格式：G92 X(U)__ Z(W)__ R__ F__

指令说明：刀具从循环起点按图 2-53 与图 2-54 所示走刀路线，最后返回到循环起点，图中虚线表示按 R 快速移动，实线按 F 指定的进给速度移动。X(U)、Z(W) 为螺纹切削的终点坐标值。R 为螺纹部分半径之差，即螺纹切削起始点与切削终点的半径差。加工圆柱螺纹时，R=0；加工锥螺纹时，当 X 方向切削起始点坐标小于切削终点坐标时，R 为负，反之为正。

【例 2-24】 如图 2-55 所示圆柱螺纹，螺纹的螺距为 1.5mm，车削螺纹前工件直径 ϕ42mm，螺纹刀装在刀架的 3 号刀位，主轴转速 200r/min，使用螺纹循环指令编制程序如下：

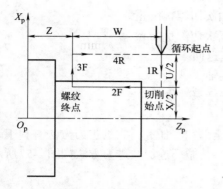

图2-53　G92圆柱螺纹循环

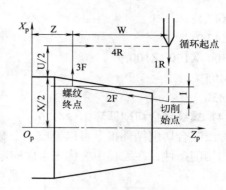

图2-54　G92圆锥螺纹循环

O0224；	程序名
N05 T0303；	换3号刀，建立工件坐标系
N10 M03 S200；	主轴正转，转速200r/min
N15 G00 X53.0 Z113.0；	快速定位到螺纹循环起点
N20 G92 X41.2 Z48.0 F1.5；	螺纹单一循环，第一次切深0.8mm
N25 X40.6；	第二次切深0.6mm
N30 X40.2；	第三次切深0.4mm
N35 X40.04；	第四次切深0.16mm
N40 G00 X100.0 Z100.0；	快速返回
N45 M05；	停主轴
N50 M30；	程序结束并复位

【例2-25】　使用螺纹循环指令编写图2-56所示锥螺纹的加工程序。螺纹的螺距为2mm，螺纹刀装在刀架的3号刀位，主轴转速200r/min，A点坐标为X49.6、Z–48。

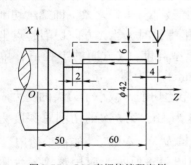

图2-55　G92直螺纹编程实例

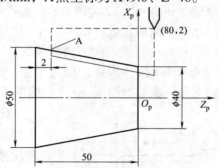

图2-56　G92锥螺纹编程实例

O0225；	程序名
T0303；	换3号刀，建立工件坐标系
M03 S200；	主轴正转，转速200r/min
G00 X80.Z2.；	快速定位到螺纹循环起点
G92 X48.7 Z–48 R–5 F2；	螺纹单一循环，第一次切深0.9mm
X48.1；	第二次切深0.6mm
X47.5；	第三次切深0.6mm

X47.1;	第四次切深0.4mm
X47.0;	第五次切深0.1mm
G00 X100. Z100.;	快速返回
M05;	停主轴
M30;	程序结束并复位

（4）螺纹复合切削循环指令 G76

螺纹复合切削循环指令可以完成一个螺纹段的全部加工任务。它的进刀方法有利于改善刀具的切削条件，在编程中应优先考虑应用该指令，其循环过程及进刀方法如图2-57所示。

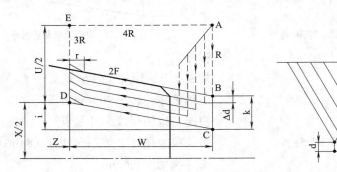

图2-57　螺纹复合切削循环过程与进刀方法

指令格式：G76 P(m)（r）（α）Q(Δd_{min}) R(d)

　　　　　G76 X(U) Z(W) R(i) F(f) P(k) Q(Δd)

指令说明：m 为精加工重复次数（1~99）；r 为斜向退刀量单位数（用00~99两位数字指定，以0.1f为一单位，取值范围为0.1~9.9f）；α 为刀尖角度（两位数字），为模态值，在80°、60°、55°、30°、29°和0°六个角度中选一个；Δd_{min} 为最小切削深度（半径值，单位为μm），当第n次切削深度（$\Delta d_n - \Delta d_{n-1}$）小于 Δd_{min} 时，则切削深度设定为 Δd_{min}；d 为精加工余量（半径值，单位为μm）；X、Z 为绝对坐标编程时，螺纹终点的坐标，U、W 为增量坐标编程时，螺纹终点相对于循环起点的有向距离（增量坐标）；i 为螺纹部分半径之差，即螺纹切削起始点与切削终点的半径差，加工圆柱螺纹时，i=0，加工锥螺纹时，当X方向切削起点坐标小于切削终点坐标时，i 为负，反之为正；k 为螺纹的牙型高度（X方向的半径值，单位为μm）；Δd 为第一次切削深度（X方向的半径值，单位为μm）；f 为螺纹导程。

G76循环进行单边切削，减小了刀尖的受力。第一次切削时切削深度为 Δd，第n次的切削总深度为 Δd_n，每次循环的背吃刀量为 $\Delta d_n - \Delta d_{n-1}$。

【例2-26】 如图2-58所示，应用螺纹复合切削循环指令编程（精加工次数为1次，斜向退刀量为4mm，刀尖为60°，最小切深取0.1mm，精加工余量取0.1mm，螺纹牙型高度为2.6mm，第一次切深取0.7mm，螺距为4mm，螺纹小径为33.8mm）。螺纹刀装在刀架的3号刀位。

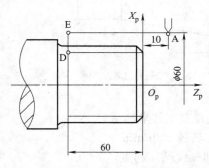

图2-58　螺纹复合切削循环应用

O0226;	程序名
T0303;	换3号刀，建立工件坐标系

M03 S200;	主轴正转，转速200r/min
G00 X60. Z10.;	快速定位到螺纹循环起点
G76 P011060 Q100 R100;	复合螺纹循环，斜向退尾量10×0.1f=4mm
G76 X33.8 Z−60. R0 P2600 Q700 F4;	
G00 X100. Z100.;	快速返回
M05;	停主轴
M30;	程序结束并复位

2.3 数控车床综合编程实训

2.3.1 轴类零件综合编程

【**例2-27**】 在数控车床上对如图2-59所示的零件进行粗加工及精加工，毛坯是尺寸为ϕ45mm×100mm的棒料。所用刀具为90°外圆车刀T01，切削刃宽度为4mm、长度为30mm的切槽刀T02，60°螺纹车刀T03，其刀具布置如图2-60所示。编程原点在工件右端面中心，应用复合循环指令完成粗车循环及精加工。参考程序如下。

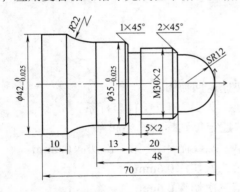

图2-59 外轮廓综合编程实例

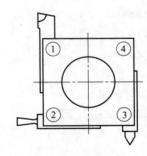

图2-60 刀具布置

O0227;	程序名
T0101;	换1号刀，建立工件坐标系
M03 S600;	主轴正转，转速600r/min
G00 X47. Z2.;	快速定位到粗车复合循环起点
G71 U2. R1.;	径向粗车复合循环
G71 P10 Q20 U0.3 W0.1 F0.2;	
N10 G00 X0 S1000;	精加工开始，转速升高
G01 Z0 F0.1;	进给速度降低
G03 X23. Z−12. R12.;	
G01 Z−15.;	
X26.;	
X30. W−2.;	
Z−35.;	

X33.;

X33.988 W-1.;　　　　　　　　　　　考虑直径精度要求，*X*值用上下偏差的平均值
　　　　　　　　　　　　　　　　　　编程，下同

Z-48.;

G02 X41.988 Z-60. R22.;

G01 Z-70.;

N20 X48.;　　　　　　　　　　　　精加工结束

G70 P10 Q20;　　　　　　　　　　精车固定循环，完成精加工

G00 X100. Z100.;　　　　　　　　快速返回换刀点

T0202;　　　　　　　　　　　　　换2号刀，建立工件坐标系

S300 F0.05;　　　　　　　　　　主轴转速300r/min，进给速度0.05mm/r

G00 X38.;

Z-35.;

G01 X26.;

G04 P2000;

G00 X38.;

W1.;

G01 X26.;

G04 P2000;

G00 X38.;

X100. Z100.;　　　　　　　　　　快速返回换刀点

T0303;　　　　　　　　　　　　　换3号刀，建立工件坐标系

G00 X32. Z-13.;　　　　　　　　快速定位到螺纹循环起点

G82 X29.1 Z-32. F2;　　　　　　单一螺纹循环，第一次切深0.9mm

X28.5;　　　　　　　　　　　　　第二次切深0.6mm

X27.9;　　　　　　　　　　　　　第三次切深0.6mm

X27.5;　　　　　　　　　　　　　第四次切深0.4mm

X27.4;　　　　　　　　　　　　　第五次切深0.1mm

G00 X100. Z100.;　　　　　　　　快速返回换刀点

T0202;　　　　　　　　　　　　　换2号刀，建立工件坐标系，切断

S300 F0.05;

G00 X47.;

Z-74.;

G01 X-1.;　　　　　　　　　　　切断刀过工件中心，保证切断工件

G00 X100. Z100.;　　　　　　　　快速返回

M05;　　　　　　　　　　　　　　停主轴

M30;　　　　　　　　　　　　　　程序结束并复位

2.3.2　套类零件综合编程

【例2-28】　如图2-61所示为一轴套零件，毛坯是尺寸为ϕ40mm×70mm的棒料。试正确

设定工件坐标系，制定加工工艺方案，选择合理的刀具和切削工艺参数，正确编制数控加工程序并完成零件的加工。所需刀具为 ϕ20mm 钻头、90°外圆车刀 T01、90°内孔车刀 T02、5mm 内沟槽车刀 T03、内螺纹车刀 T04、5mm 切断刀 T04（和内螺纹车刀装同一个刀位）。

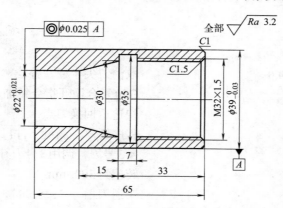

图 2-61　内轮廓综合编程实例

以零件右端面与轴线交点为零件编程原点，采用从右到左加工的原则。工艺路线安排如下：

① 钻孔 ϕ20mm。

② 车零件外圆柱面至尺寸要求。

③ 粗车精度孔、内锥孔、螺纹底孔，留精加工余量 0.4mm。

④ 精车零件精度孔、内锥孔、螺纹底孔至尺寸要求。

⑤ 车退刀槽。

⑥ 粗精车螺纹至尺寸。

参考程序如下。

O0228；	程序号
T0101；	换 1 号刀，调用 1 号刀补（建立工件坐标系）
M03 S600；	主轴正转，转速为 600r/min
G00 X42.0 Z2.0；	快速定位至单一循环起点
G94 X20.0 Z0 F0.15；	G94 指令车端面（中间为孔，不需要车削）
G90 X39.5 Z−71.0 F0.15；	G90 指令粗车外圆，留余量 0.5mm
G00 X37.0；	精车外圆
G01 Z0；	
X39. Z−1.；	
Z−71.；	
X43.；	
G00 X100.0 Z100.0；	快速返回换刀点
T0202；	换 2 号刀，调用 2 号刀补（建立工件坐标系）
S500；	转速为 500r/min
G00 X18.0 Z2.0；	快速定位至内径粗车复合循环起点
G71 U1.5 R1.0；	G71 复合循环指令粗加工内表面
G71 P10 Q20 U−0.3 W0.1；	

N10 G41 G00 X37.0;	建立刀尖半径左补偿，只在精加工时有效
G01 X30.04 Z−1.5;	
Z−33.0;	
X30.0;	
X22.0 Z−48.0;	
Z−66.0;	
N20 G00 G40 X19.0;	取消刀尖半径左补偿
G70 P10 Q20;	G70复合循环指令精加工内表面
G00 X100.Z100.;	快速返回换刀点
M00;	程序暂停，测量工件尺寸
T0303;	换3号刀，调用3号刀补（建立工件坐标系）
S300;	转速为300r/min
G00 X28.0 Z2.0;	车退刀槽
Z−31.0;	
G01 X35.0 F0.05;	
G04 X1.0;	
G01 X28.0;	
G00 Z−33.0;	
G01 X35.0;	
G04 X1.0;	
G01 X28.0;	
G00 Z100.0;	
T0404;	换4号刀，调用4号刀补（建立工件坐标系）
S200;	转速为200r/min
G00 X28.0 Z5.0;	快速定位至内螺纹循环起点
G92 X30.84 Z−28.0 F1.5;	G92指令车内螺纹
X31.44;	
X31.84;	
X32.0	
G00 X100. Z100.0;	快速返回换刀点
M00;	程序暂停，测量
（4号刀位卸下内螺纹车刀，安装切断刀并重新对刀）	
T0404;	换4号刀，调用4号刀补（建立工件坐标系）
S300;	转速为300r/min
G00 X43.0 Z2.;	切断工件
Z−70.0;	
G01 X19.5 F0.05;	
G00 X100. Z100.;	快速返回换刀点
M05;	停主轴
M30;	程序结束并复位（光标返回程序头）

2.4 数控车床编程提高实训

2.4.1 子程序编程

零件上有若干处具有相同的轮廓形状或加工中反复出现具有相同轨迹的走刀路线时，可以考虑应用子程序功能简化编程。

在一个加工程序的若干位置上，如果包含有一连串在写法上完全相同或相似的内容，为了简化编程可以把这些重复的程序段按一定的格式编写成子程序，单独存储到程序存储区中，以便被其他程序调用。调用子程序的程序称为主程序。

（1）子程序结构

子程序的结构与主程序的结构相似，子程序用 M99 指令结束，并返回至调用它的程序中的调用指令的下一程序段继续运行。子程序的格式如下。

O××××；　　　子程序号

……

……　　　　　子程序内容

……

M99；　　　　子程序结束

（2）子程序调用

主程序在执行过程中如果需要执行某一子程序，可以通过子程序调用指令 M98 调用该子程序，待子程序执行完了再返回到主程序，继续执行后面的程序段。

指令格式：M98 P△△△　□□□□；

指令说明：△△△—调用次数（1～999）；□□□□—子程序号。

例如 M98 P31000 表示调用 1000 号子程序 3 次。如果省略了调用次数，则认为调用次数为 1 次。

子程序也可调用下一级子程序，称为子程序嵌套。子程序嵌套调用过程如图 2-62 所示，FANUC 0i 系统子程序调用最多可嵌套 4 级。

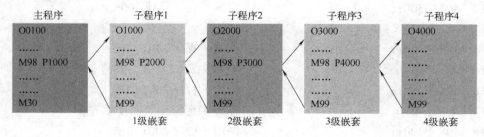

图 2-62　子程序嵌套调用过程

（3）特殊调用

当子程序的最后一个程序段以地址 P 指定顺序号时，调用子程序结束后将不返回 M98 的下一个程序段，而是返回地址 P 指定的程序段，如图 2-63 所示。

【例 2-29】 多刀粗加工的子程序调用。如图 2-64 所示，锥面分三刀粗加工，参考程序如下：

O0229；　　　　　　　　　　　　　　　　　　　主程序

N10 T0101;	换1号刀，建立工件坐标系
N20 M03 S600;	主轴正转，转速为600r/min
N30 G00 X85. Z5. M08;	定位到切削起点，开切削液
N40 M98 P31001;	1001号子程序调用3次
N50 G00 X100. Z100.;	快速返回
N60 M05;	停主轴
N70 M30;	主程序结束并复位
O1001;	子程序
N10 G00 U−35.;	快速下刀至路径1的延长线处
N20 G01 U10. W−85. F0.15;	沿路径1直线切削
N30 G00 U25.;	快速退刀至X85
N40 G00 Z5.;	快速返回至A点
N50 G00 U−5.;	向下（X负向）递进5mm
N60 M99;	子程序结束

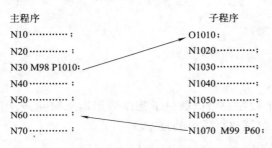

图 2-63 子程序的特殊调用

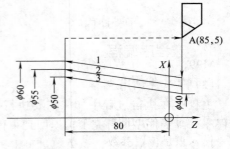

图 2-64 多刀车削零件图

【例 2-30】 形状相同部位加工的子程序调用。如图 2-65 所示，零件的外轮廓已加工，现需完成切槽加工，02号刀为刀宽5mm的切槽刀。参考程序如下：

O0230;	主程序
N11 T0202;	换2号刀，建立工件坐标系，切槽
N12 M03 S300;	主轴正转，转速300r/min
N13 G00 X63. Z−35.;	左刀尖定位至第一个槽左侧
N14 M98 P2001;	调用子程序2001切槽
N15 G00 Z−50.;	左刀尖定位至第二个槽左侧
N16 M98 P2001;	调用子程序2001切槽
N17 G00 Z−65.;	左刀尖定位至第三个槽左侧
N18 M98 P2001;	调用子程序2001切槽
N19 G00 Z−80.;	左刀尖定位至第四个槽左侧
N20 M98 P2001;	调用子程序2001切槽
N21 G00 X100. Z100.;	快速返回
N22 M05;	停主轴
N23 M30;	主程序结束并复位
O2001;	切槽子程序

N11 G01 X40. F0.05;	切槽至槽底
N12 G04 P2000;	槽底暂停2s
N13 G00 X63.;	快速退刀
N14 M99;	子程序结束

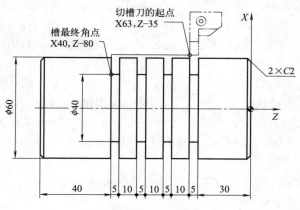

图2-65　形状相同部位零件的加工

2.4.2　宏程序编程

在程序中使用变量，通过对变量进行赋值及处理的方法以达到程序功能，这种有变量的程序被称为宏程序。宏程序是手工编程的高级形式。宏程序指令适合抛物线、椭圆、双曲线等没有插补指令的曲线编程；适合图形一样，只是尺寸不同的系列零件的编程；适合工艺路径一样，只是位置参数不同的系列零件的编程。其较大程度地简化了编程，扩展了应用范围。

宏程序的特点：

① 将有规律的形状或尺寸用最简短的程序表达出来。

② 具有极好的易读性和易修改性，编写出来的程序非常简洁，逻辑严密。

③ 宏程序的运用是手工编程中最大的亮点和最后的堡垒。

④ 宏程序具有灵活性、智能性、通用性。

宏程序与普通程序的比较：宏程序可以使用变量，并且给变量赋值，变量之间可以运算，程序运行可以跳转。普通编程只能使用常量，常量之间不能运算，程序只能顺序执行，不能跳转。

FANUC宏程序分为两类：A类和B类。A类宏程序是机床的标配，用"G65 H**；"来调用。B类宏程序相比A类容易、简单，可以直接赋值运算，所以目前B类用得比较多。下面重点以B类宏程序为例来介绍。

（1）变量功能

① 变量的形式　变量符号+变量号。

FANUC系统变量符号用#，变量号为1、2、3等。

② 变量的种类　分为空变量、局部变量、公共变量和系统变量四类。

空变量：#0。该变量永远是空的，不能赋任何值。

局部变量：#1～#33。只在本宏程序中有效，断电后数值被清除，调用宏程序时赋值。

公共变量：#100～#199、#500～#999。在不同的宏程序中意义相同，#100～#199断电后被清除，#500～#999断电后不被清除。

系统变量：#1000以上。系统变量用于读写CNC运行时的各种数据，比如刀具补偿等。

提示：局部变量和公共变量称为用户变量。

③ 赋值　赋值是指将一个数赋予一个变量。例如#1=2，#1表示变量；#是变量符号，数控系统不同，变量符号也不同；=为赋值符号，起语句定义作用；数值2就是给变量#1赋的值。

④ 赋值的规律：

a. 赋值符号"="两边内容不能随意互换，左边只能是变量，右边可以是表达式、数值或者变量。

b. 一条赋值语句只能给一个变量赋值。

c. 可以多次给一个变量赋值，新的变量值将取代旧的变量值，即最后一个有效。

d. 赋值语句具有运算功能，形式：变量=表达式。在运算中。表达式可以是变量自身与其他数据的运算结果，如：#1=#1+2，表示新的#1等于原来的#1中的值加上2，这点与数学等式是不同的。

e. 赋值表达式的运算顺序与数学运算的顺序相同。

⑤ 变量的引用

a. 当用表达式指定变量时，必须把表达式放在括号中。如G01 X［#1+#2］ F#3。

b. 引用变量时，要把负号放在#的前面。如G01 X-#6 F100。

（2）运算功能

① 运算符号　加（+）、减（-）、乘（*）、除（/）、正切（TAN）、反正切（ATAN）、正弦（SIN）、余弦（COS）、开平方根（SQRT）、 绝对值（ABS）、增量值（INC）、四舍五入（ROUND）、舍位取整（FIX）、进位取整（FUP）。

② 混合运算

a. 运算顺序：函数　乘除　加减

b. 运算嵌套：最多五重，最里面的"［　］"运算优先。

（3）转移功能

① 无条件转移

格式：GOTO+目标段号（不带N）。

例如：GOTO50，当执行该程序段时，将无条件转移到N50程序段执行。

② 有条件转移

格式：IF+［条件表达式］+GOTO+目标段号（不带N）。

例如：IF［#1GT#100］GOTO50，如果条件成立，则转移到N50程序段执行；如果条件不成立，则执行下一程序段。

③ 转移条件　转移条件的种类及编程格式见表2-4。

表2-4　条件表达式的符号及编程格式

条件	符号	宏指令	编程格式
等于	=	EQ	IF[#1EQ#2]GOTO10
不等于	≠	NE	IF[#1NE#2]GOTO10
大于	>	GT	IF[#1GT#2]GOTO10
小于	<	LT	IF[#1LT#2]GOTO10
大于等于	≥	GE	IF[#1GE#2]GOTO10
小于等于	≤	LE	IF[#1LE#2]GOTO10

（4）循环功能

循环指令格式为：

WHILE［条件表达式］DOm（m=1，2，3，…）

…

ENDm

当条件满足时，就循环执行 WHILE 与 END 之间的程序；当条件不满足时，就执行 ENDm 的下一个程序段。例如：

#1=5

WHILE［#1LE30］DO1

#1=#1+5

G00 X#1 Y#1

END1

当#1小于等于30时执行循环程序，当#1大于30时执行END1之后的程序。

（5）宏程序的格式及简单调用

① 宏程序的编写格式　宏程序的编写格式与子程序相同。其格式为：

O ～ （0001～8999为宏程序号）；　　//宏程序名

N10 ……；　　　　　　　　　　　　//宏程序内容

…

N ～ M99；　　　　　　　　　　　//宏程序结束

上述宏程序内容中，除通常使用的编程指令外，还可使用变量、算术运算指令及其他控制指令。变量值在宏程序调用指令中赋给。

② 宏程序的简单调用　宏程序的简单调用是指在主程序中，宏程序可以被单个程序段单次调用。

调用指令格式：G65 P（宏程序号）L（重复次数）（变量分配）

其中　G65——宏程序调用指令；

P（宏程序号）——被调用的宏程序序号；

L（重复次数）——宏程序重复运行的次数，重复次数为1时，可省略不写；

（变量分配）——为宏程序中使用的变量赋值。

宏程序与子程序相同的是一个宏程序可被另一个宏程序调用，最多可调用4重。

（6）宏程序编程实训

【例2-31】　如图2-66所示，毛坯尺寸为φ30mm×70mm（虚线所示），编制椭圆（Z方向有偏心）部分的加工程序（粗、精加工）。

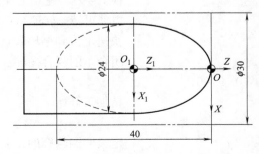

图2-66　宏程序编程实例1

```
O0231；                              程序名
G40  G98；                           初始化
T0101；                              换1号刀，建立工件坐标系
M03  S600；                          主轴正转，转速600r/min
G00  X32. Z2.；                      快速定位到循环起点
G73  U11.8  R7.；                    闭合车削复合循环
G73  P10  Q20  U0.4  W0. F100；
N10  G00  X0.；                      精加工开始
G01  Z0. F50；'
#1=20；                              定义椭圆坐标系 O₁X₁Z₁中的 Z 坐标为自变
                                     量，初值为20
N11#2=12*SQRT[20*20−#1*#1]/20；      通过本公式算出对应的椭圆坐标系 O₁X₁Z₁中
                                     的 X 坐标
#3=2*#2；                            将 O₁X₁Z₁坐标系中的 X 值转换到工件坐标系
                                     OXZ 中
#4=#1−20；                           将 O₁X₁Z₁坐标系中的 Z 值转换到工件坐标系
                                     OXZ 中
G01  X#3  Z#4；                      进行直线插补
#1=#1−0.5；                          自变量递减，步距为0.5mm
IF[#1GE0]GOTO11；                    设定转移条件，条件成立时，转移到N11程
                                     序段执行，0是所加工椭圆轮廓终点在椭圆
                                     坐标系 O₁X₁Z₁中的 Z 坐标值
G01  X23. Z−20.；                    插补到椭圆轮廓终点
N20  X28.；                          X 方向退刀，精加工结束
G00  X100. Z100.；                   快速返回换刀点
M05；                                停主轴
M30；                                程序结束并复位
```

【例2-32】 如图2-67所示，毛坯尺寸为$\phi30$mm×100mm，编制椭圆（X方向有偏心）部分的加工程序（粗、精加工）。

```
O0232；                              程序名
G40  G98；                           初始化
T0101；                              换1号刀，建立工件坐标系
M03  S600；                          主轴正转，转速600r/min
G00  X32. Z2.；                      快速定位到循环起点
G73  U7.8  R7.；                     闭合车削复合循环
G73  P10  Q20  U0.4  W0. F100；
N10  G00  X13.；                     精加工开始
G01  Z0. F50；
#1=0；                               定义椭圆轮廓的Z坐标为自变量，初始值为0
N11#2=8*SQRT[15*15−#1*#1]/15；       通过本公式算出对应的椭圆坐标系中的X坐
```

标值

#3=30-2*#2;	将椭圆坐标系中的 X 值转换到工件坐标系 *OXZ* 中
#4=#1;	将椭圆坐标系中的 Z 值转换到工件坐标系 *OXZ* 中
G01 X#3 Z#4;	进行直线插补
#1=#1-0.5;	自变量递减，步距为0.5
IF[#1GE-15]GOTO11;	设定转移条件，条件成立时，转移到N11程序段执行，-15是所加工椭圆轮廓终点在椭圆坐标系中的Z坐标值
G01 X30. Z-15.;	插补到椭圆轮廓终点
N20 X32.;	X方向退刀，精加工结束
G00 X100. Z100.;	快速返回换刀点
M05;	停主轴
M30;	程序结束并复位

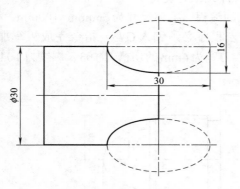

图2-67 宏程序编程实例2

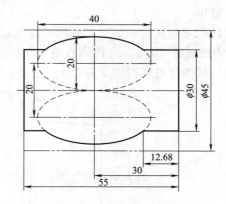

图2-68 宏程序编程实例3

【例2-33】 如图2-68所示，毛坯尺寸为φ45mm×100mm（虚线所示），编制其加工程序（粗、精加工）。椭圆在*X*方向、*Z*方向都有偏心。

O0233;	程序名
G40 G98;	初始化
T0101;	换1号刀，建立工件坐标系
M03 S600;	主轴正转，转速600r/min
G00 X28. Z2.;	快速定位到循环起点
G73 U7.3 R7.;	闭合车削复合循环
G73 P10 Q20 U0.4 W0. F100;	
N10 G00 X30.;	精加工开始
G01 Z-12.68 F50;	
#1=17.32;	定义椭圆轮廓的Z坐标为自变量，初始值为17.32
N11#2=10*SQRT[20*20-#1*#1]/20;	通过本公式算出对应的椭圆坐标系中的X坐

	标值
#3=2*#2+20;	将椭圆坐标系中的X值转换到工件坐标系 OXZ中
#4=#1-30;	将椭圆坐标系中的Z值转换到工件坐标系 OXZ中
G01 X#3 Z#4;	进行直线插补
#1=#1-0.5;	自变量递减，步距为0.5mm
IF[#1GE0]GOTO11;	设定转移条件，条件成立时，转移到N11程序段执行，0是所加工椭圆轮廓终点在椭圆坐标系中的Z坐标值
G01 X30. Z-47.32;	插补到椭圆轮廓终点
Z-55.;	
N20 X47.;	X方向退刀，精加工结束
G00 X100. Z100.;	快速返回换刀点
M05;	主轴停转
M30;	程序结束并复位

【例2-34】 完成如图2-69所示零件右端加工的编程，毛坯尺寸为ϕ60mm×100mm，椭圆部分用宏程序编写，并使用G73（FANUC系统宏程序必须编入G73）指令完成粗车加工。所用刀具为外轮廓粗加工刀T01、精加工刀T02、刀宽为4mm的切槽刀T03、螺纹刀T04。

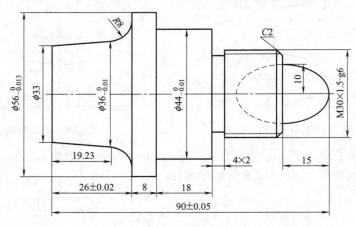

图2-69　复合循环使用宏程序编程实例

O0234;	程序名
N10 G40 G98;	初始化
N11 T0101;	换1号刀，建立工件坐标系，粗加工
N12 M03 S600;	主轴正转，转速600r/min
N13 G00 X62. Z2.;	快速定位到G71循环起点
N14 G71 U1.5 R1.;	外径车削复合循环
N15 G71 P16 Q24 U0.3 W0. F100;	
N16 G00 X21.;	精加工开始，留下加工椭圆部分的余量
N17 G01 Z-15. F50;	

N18　X26.;

N19　X29.8　W-2.;　　　　　　　　　为了便于螺纹配合，将螺纹大径切至29.8mm

N20　Z-38.;

N21　X43.99;　　　　　　　　　　　考虑直径精度要求，X值用上下偏差的平均
　　　　　　　　　　　　　　　　　值编程，下同

N22　W-18.;

N23　X55.99;

N24　W-8.;　　　　　　　　　　　　精加工结束

N25　X62.;　　　　　　　　　　　　退刀

N26　G00　X100.;　　　　　　　　　X方向快速返回换刀点

N27　Z100.;　　　　　　　　　　　Z方向快速返回换刀点

N28　M05;　　　　　　　　　　　　停主轴

N29　M00;　　　　　　　　　　　　程序暂停，测量

N30　T0202;　　　　　　　　　　　换2号刀，建立工件坐标系，精加工

N31　M03　S1000;　　　　　　　　主轴正转，转速1000r/min

N32　G00　X62.　Z2.;　　　　　　快速定位到G71循环起点

N33　G70　P16　Q24;　　　　　　精车循环

N34　G00　X100.　Z100.;　　　　快速返回换刀点

N35　T0101;　　　　　　　　　　　换1号刀，建立工件坐标系，粗加工

N36　G00　X23.　Z2.　S600;　　快速定位到G73循环起点

N37　G73　U10.3　R7.;　　　　　闭合车削复合循环

N38　G73　P39　Q46　U0.4　W0.　F100;

N39　G00　X0.;　　　　　　　　　精加工开始

N40　G01　Z0.　F50;

N41　#1=15;　　　　　　　　　　　定义椭圆轮廓的Z坐标为自变量，初始值为15

N42　#2=10*SQRT[15*15-#1*#1]/15;　通过本公式算出对应的椭圆坐标系中的X坐
　　　　　　　　　　　　　　　　　标值

N43　G01X[2*#2]Z[#1-15];　　　直线插补，逼近椭圆

N44　#1=#1-0.5;　　　　　　　　　自变量递减，步距为0.5mm

N45　IF[#1GE0]GOTO42;　　　　　设定转移条件，条件成立时，转移到N42程
　　　　　　　　　　　　　　　　　序段执行，0是所加工椭圆轮廓终点在椭圆
　　　　　　　　　　　　　　　　　坐标系中的Z坐标值

N46　G01　X20.　Z-15.;　　　　插补到椭圆轮廓终点，精加工结束

N47　X26.;　　　　　　　　　　　　X方向退刀

N48　G00　X100.　Z100.;　　　　快速返回换刀点

N49　M05;　　　　　　　　　　　　停主轴

N50　M00;　　　　　　　　　　　　程序暂停，测量

N51　T0202;　　　　　　　　　　　换2号刀，建立工件坐标系，精加工

N52　M03　S1000;　　　　　　　　主轴正转，转速1000r/min

N53　G00　X23.　Z2.;　　　　　　快速定位到循环起点

N54 G70 P39 Q46;	精车循环
N55 G00 X100. Z100.;	快速返回换刀点
N56 T0303;	换3号刀，建立工件坐标系，切槽
N57 G00 X46. Z-38. S300;	快速定位到切槽位置
N58 G01 X26. F20;	切槽
N59 G04 P2000;	槽底暂停2s
N60 G00 X46.;	快速退刀
N61 X100. Z100.;	快速返回换刀点
N62 T0404;	换4号刀，建立工件坐标系，车螺纹
N63 G00 X32. Z-13. S400;	快速定位到螺纹循环起点
N64 G92 X29.2 Z-32. F1.5;	单一螺纹循环，第1次切深0.8mm
N65 X28.6;	第2次切深0.6mm
N66 X28.2;	第3次切深0.4mm
N67 X28.04;	第4次切深0.16mm
N68 G00 X100. Z100.;	快速返回换刀点
N69 M05;	停主轴
N70 M30;	程序结束并复位

【例2-35】 如图2-70所示，毛坯尺寸为ϕ72mm×150mm，编制其加工程序（粗、精加工）。所用刀具为外轮廓粗加工刀T01、精加工刀T02。

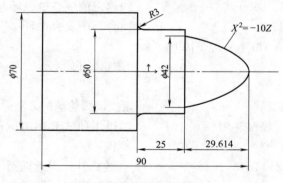

图2-70 抛物线宏程序编程实训

O0235;	程序名
G98;	初始化，指定分进给
T0101;	换1号刀，建立工件坐标系，粗加工
M03 S600;	主轴正转，转速600r/min
G00 X74 Z2;	快速定位到G71循环起点
G71 U1.5 R1.;	外径车削复合循环
G71 P10 Q20 U0.3 W0. F100;	
N10 G00 X43.;	精加工开始，留下加工椭圆部分的余量
G01 Z-29.614 F50;	
X50.;	
W-22.;	

G02 X56. W–3. R3.;

G01 X70.;

N20 Z–90.;   精加工结束

X73.;   退刀

G00 X100. Z100.;   快速返回换刀点

M05;   停主轴

M00;   程序暂停，测量

T0202;   换2号刀，建立工件坐标系，精加工

M03 S1000;   主轴正转，转速1000r/min

G00 X73. Z2.;   快速定位到循环起点

G70 P10 Q20;   精车循环

G00 X100. Z100.;   快速返回换刀点

T0101;   换1号刀，建立工件坐标系，粗加工

G00 X45. Z2. S600;   快速定位到G73循环起点

G73 U21.3 R18;   闭合车削复合循环

G73 P30 Q40 U0.4 W0 F100;

N30 G00 X0;   精加工开始

G01 Z0 F50;

#1=0;   定义抛物线轮廓的X坐标为自变量，初始值为0

N2 #2=–#1*#1/10;   通过本公式算出对应的抛物线坐标系中的Z坐标值

G01X[2*#1]Z[–#2];   直线插补，逼近抛物线

#1=#1+0.5;   自变量递增，步距为0.5mm

IF[#1LE21]GOTO2;   设定转移条件，条件成立时，转移到N2程序段执行，21是抛物线轮廓终点在抛物线坐标系中的X坐标值

N40 G01 X42. Z–29.614;   插补到抛物线轮廓终点，精加工结束

X45.;   *X*方向退刀

G00 X100. Z100.;   快速返回换刀点

T0202;   换2号刀，建立工件坐标系，精加工

M03 S1000;   主轴正转，转速1000r/min

G00 X45. Z2.;   快速定位到循环起点

G70 P30 Q40;   精车循环

G00 X100. Z100.;   快速返回换刀点

M05;   停主轴

M30;   程序结束并复位

2.5 华中HNC系统编程实训

华中（世纪星HNC-21/22T）系统大部分编程指令的格式、含义与FANUC 0i系统一样，这里只介绍与其有差别的部分。

2.5.1 华中HNC系统基本编程指令

(1) 尺寸单位选择指令 G20、G21

指令格式：G20/G21

指令说明：G20 为英制输入制式，G21 为公制输入制式；G20、G21 为模态指令，可相互注销，G21 为缺省值。

两种制式下线性轴、旋转轴的尺寸单位如表2-5所示。

表2-5 尺寸输入制式及其单位

尺寸制式	进给速度单位	线性轴	旋转轴
英制	每分钟进给(G94)	in/min	(°)/min
	每转进给(G95)	in/r	(°)/r
公制	每分钟进给(G94)	mm/min	(°)/min
	每转进给(G95)	mm/r	(°)/r

(2) 直径方式和半径方式编程指定指令 G36、G37

指令格式：G36/G37

指令说明：G36 为直径编程，G37 为半径编程。

数控车床的工件外形通常是旋转体，其 X 轴尺寸可以用两种方式加以指定：直径方式和半径方式。G36 为缺省值，机床出厂时一般设为直径编程。

(3) 进给速度单位的设定指令 G94、G95

指令格式：G94 F___

　　　　　 G95 F___

指令说明：G94 为每分钟进给；G95 为每转进给。

G94 为每分钟进给，对于线性轴，F 的单位依 G21 或 G20 的设定而为 mm/min 或 in/min；对于旋转轴，F 的单位为(°)/min。

G95 为每转进给，即主轴转一周时刀具的进给量。F 的单位依 G21/G20 的设定而为 mm/r 或 in/r。这个功能只在主轴装有编码器时才能使用。

G94、G95 为模态指令，可相互注销，G94 为缺省值。

(4) 绝对坐标和增量坐标指定指令 G90、G91

指令格式：G90/G91

指令说明：由于华中系统采用 G80 指定纵向切削循环，所以可用 G90 指定绝对坐标编程，每个编程坐标轴上的编程值是相对于程序原点的；G91 为相对坐标编程，每个编程坐标轴上的编程值是相对于前一位置而言的，该值等于沿轴移动的距离。系统默认值为 G90，所以 G90 通常可省略不写。

(5) 机床坐标系编程指令 G53

G53 是机床坐标系编程指令，在含有 G53 的程序段中，绝对坐标编程时的坐标值是在机床坐标系中的坐标值。其为非模态指令。

(6) 工件坐标系设定指令 G92

指令格式：G92 X___ Z___

指令说明：X、Z 为对刀点到工件坐标系原点的有向距离。如图 2-71 所示，当执行

"G92 Xα Zβ" 指令后，系统内部即对（α，β）进行记忆，并建立一个使刀具当前点坐标值为（α，β）的坐标系，系统控制刀具在此坐标系中按程序进行加工。执行该指令只建立一个坐标系，刀具并不产生运动。G92 指令为非模态指令。

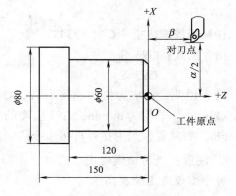

图2-71 G92指令示意

🔍**注意**：执行该指令时，若刀具当前点恰好在工件坐标系的α和β坐标值上，即刀具当前点在对刀点位置上，此时建立的坐标系即为工件坐标系，加工原点与程序原点重合。若刀具当前点不在工件坐标系的α和β坐标值上，则加工原点与程序原点不一致，加工出的产品就有误差或可能报废，甚至出现危险。因此，执行该指令时，刀具当前点必须恰好在对刀点上，即在工件坐标系的α和β坐标值上。实际操作时使两点一致，由对刀完成。

（7）简单螺纹切削指令G32

指令格式：G32 X（U）__ Z（W）__ R__ E__ P__ F__

指令说明：X、Z为绝对坐标编程时，有效螺纹终点在工件坐标系中的坐标；U、W为增量坐标编程时，有效螺纹终点相对于螺纹切削起点的位移量；F为螺纹导程，即主轴每转一圈，刀具相对于工件的进给值；R、E为螺纹切削的退尾量，R为Z方向退尾量，E为X方向退尾量，R、E在绝对或增量坐标编程时都是以增量方式指定，其为正表示沿Z、X正向回退，为负表示沿Z、X负向回退，使用R、E可免去退刀槽，R、E可以省略，表示不用回退功能，根据螺纹标准，R一般取0.75～1.75倍的螺距，E取螺纹的牙型高；P为主轴基准脉冲处距离螺纹切削起点的主轴转角。使用G32指令能加工圆柱螺纹、锥螺纹和端面螺纹。

（8）暂停指令G04

指令格式：G04 P__

指令说明：P为暂停时间，单位为s。

G04在前一程序段的进给速度降到零之后才开始暂停动作。在执行含G04指令的程序段时，先执行暂停功能。G04为非模态指令，仅在其被规定的程序段中有效。G04可使刀具做短暂停留，以获得圆整而光滑的表面。该指令除用于切槽、钻镗孔外，还可用于拐角轨迹控制。

【例2-36】 如图2-72所示，车削ϕ50mm×2mm槽，应用暂停功能，参考程序如下。

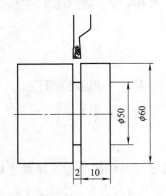

图2-72 G04编程实例

......

N10 G00 X62 Z–12 S300	快速定位到切槽位置
N11 G01 X50 F20	切槽
N12 G04 P2	槽底进给暂停2s
N13 G00 X62	退刀

......

（9）恒线速度指令 G96、G97

指令格式：G96 S＿＿

　　　　　　G97 S＿＿

指令说明：G96 为恒线速度有效，G97 取消恒线速度功能；G96 后面的 S 值为切削的恒定线速度，单位为 m/min；G97 后面的 S 值为取消恒线速度后，指定的主轴转速，单位为 r/min，如缺省，则为执行 G96 指令前的主轴转速。

注意：使用恒线速度功能时，主轴必须能自动变速（如伺服主轴、变频主轴）。在系统参数中需设定主轴最高限速。

2.5.2　单一形状固定循环指令

（1）纵向单一形状固定循环指令 G80

① 圆柱面纵向单一形状固定循环

指令格式：G80 X＿＿ Z＿＿ F＿＿

指令说明：X、Z 在绝对坐标编程时，为切削终点 C 在工件坐标系中的坐标；在增量坐标编程时，为切削终点相对于循环起点的有向距离。

② 圆锥面纵向单一形状固定循环

指令格式：G80 X＿＿ Z＿＿ I＿＿ F＿＿

指令说明：I 为切削起点与切削终点的半径差，其符号为差的符号（无论是绝对坐标编程还是增量坐标编程），其他参数同上。

（2）横向单一形状固定循环指令 G81

① 平端面横向单一形状固定循环

指令格式：G81 X＿＿ Z＿＿ F＿＿

指令说明：X、Z 在绝对坐标编程时，为切削终点 C 在工件坐标系中的坐标；在增量坐标编程时，为切削终点相对于循环起点的有向距离。

② 锥端面横向单一形状固定循环

指令格式：G81 X＿＿ Z＿＿ K＿＿ F＿＿

指令说明：K 为切削起点相对于切削终点的 Z 方向上的有向距离，其他参数同上。

（3）螺纹切削单一形状固定循环指令 G82

① 直螺纹单一形状固定循环

指令格式：G82 X＿＿ Z＿＿ R＿＿ E＿＿ C＿＿ P＿＿ F＿＿

指令说明：X、Z 在绝对坐标编程时，为螺纹终点在工件坐标系中的坐标，增量坐标编程时，为螺纹终点相对于循环起点的有向距离；R、E 为螺纹切削的退尾量，R、E 均为向量，R 为 Z 方向退尾量，E 为 X 方向退尾量，R、E 可以省略，表示不用退尾功能；C 为螺纹头数，为 0 或 1 时切削单头螺纹；P 在单头螺纹切削时，为主轴基准脉冲处距离切削起点的主轴转角（缺省值为 0），在多头螺纹切削时，为相邻螺纹头的切削起点之间对应的主轴转角；F 为螺纹导程。

注意：螺纹切削循环同 G32 螺纹切削一样，在进给保持状态下，该循环在完成全部动作之后才停止运动。其循环过程如图 2-73 所示。

②　锥螺纹单一形状固定循环

指令格式：G82 X__ Z__ I__ R__ E__ C__ P__ F__

指令说明：I 为螺纹切削起点与螺纹终点的半径差，其符号为差的符号（无论是绝对坐标编程还是增量坐标编程）；其他参数同上。

【例 2-37】　如图 2-74 所示，用 G82 指令编程，毛坯外形已加工完成，螺纹刀装在刀架 3 号刀位。

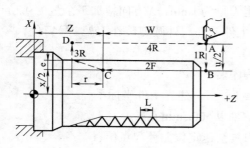

图 2-73　G82 切削循环示意

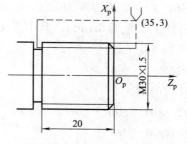

图 2-74　G82 编程实例

%0237	程序名
T0101	换 3 号刀，建立工件坐标系
M03 S300	主轴正转，转速 300r/min
G00 X35 Z3	快速定位到循环起点
G82 X29.2 Z−21 F1.5	螺纹循环，第一次切深 0.8mm
X28.6	第二次切深 0.6mm
X28.2	第三次切深 0.4mm
X28.04	第四次切深 0.16mm
G00 X100 Z100	快速返回
M05	停主轴
M30	程序结束并复位

2.5.3　多重复合固定循环

（1）内（外）径粗车复合固定循环 G71

①　无凹槽加工时

指令格式：G71 U(Δd) R(r) P(ns) Q(nf) X(Δx) Z(Δz) F(f) S(s) T(t)

指令说明：Δd 为切削深度（每次切削的背吃刀量），指定时不加符号；r 为每次退刀量，指定时不加符号；ns 为精加工路径第一程序段的顺序号；nf 为精加工路径最后程序段的顺序号；Δx 为 X 方向精加工余量，外径车削时为正，内径车削时为负；Δz 为 Z 方向精加工余量；在粗加工时，G71 中编程的 f、s、t 有效，而精加工时处于 ns 到 nf 程序段之间的 f、s、t 有效。

G71 切削循环时，切削进给方向平行于 Z 轴。

②　有凹槽加工时

指令格式：G71 U(Δd) R(r) P(ns) Q(nf) E(e) F(f) S(s) T(t)

指令说明：e 为精加工余量，其为 X 方向的等高距离，外径切削时为正，内径切削时为负；其他参数同上。

💡 注意：①G71 指令必须带有 P、Q 地址 ns、nf，且与精加工路径起、止顺序号对应，否则不能进行该循环加工。②顺序号为 ns 的程序段必须为 G00/G01 指令。③在顺序号为 ns 到顺序号为 nf 的程序段中，不能调用子程序。

【例 2-38】 用外径粗加工复合循环功能编制图 2-75 所示零件的加工程序。要求循环起点在（46，3），切削深度为 1.5mm（半径量），退刀量为 1mm，X 方向精加工余量为 0.3mm，Z 方向精加工余量为 0.1mm，其中点画线部分为工件毛坯。外圆刀装在刀架 1 号刀位，参考程序如下。

%0238	程序名
N11 T0101	换 1 号刀，建立工件坐标系
N12 M03 S600	主轴以 600r/min 正转
N13 G00 X46 Z3	刀具快速定位循环起点位置
N14 G71 U1.5 R1 P15 Q23 X0.3 Z0.1 F100	
	外径粗车复合循环
N15 G00 X0	精加工轮廓起始行，到倒角延长线
N16 G01 X10 Z–2	精加工 2mm×45°倒角
N17 Z–20	精加工 ϕ10mm 外圆
N18 G02 U10 W–5 R5	精加工 R5 圆弧
N19 G01 W–10	精加工 ϕ20mm 外圆
N20 G03 U14 W–7 R7	精加工 R7 圆弧
N21 G01 Z–52	精加工 ϕ34mm 外圆
N22 U10 W–10	精加工外圆锥
N23 W–20	精加工 ϕ44mm 外圆，精加工轮廓结束行
N24 X50	退出已加工面
N25 G00 X100 Z100	快速返回
N26 M05	停主轴
N27 M30	主程序结束并复位

【例 2-39】 用内径粗加工复合循环功能编制图 2-76 所示零件的加工程序。要求循环起点在（6，2），切削深度为 1mm（半径量），退刀量为 1mm（半径量），X 方向精加工余量为 0.3mm，Z 方向精加工余量为 0.1mm，其中点画线部分为工件毛坯。内孔刀装在刀架 1 号刀位，参考程序如下。

%0239	程序名
N11 T0101	换 1 号刀，建立工件坐标系
N12 M03 S500	主轴以 500r/min 正转
N13 G00 X6 Z2	到循环起点位置
N14 G71 U1 R1 P18 Q26 X–0.3 Z0.1 F100	
	内径粗车复合循环

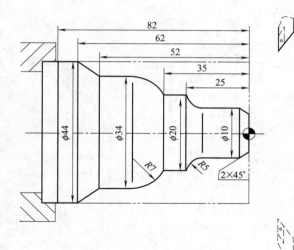

图2-75 G71外轮廓循环编程

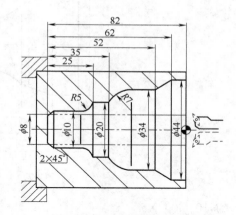

图2-76 G71内轮廓循环编程

N15 G00 X100 Z100	粗车循环结束后，到换刀点位置
N16 T0202	换2号刀，建立工件坐标系
N17 G42 G00 X6 Z2	2号刀加入刀尖圆弧半径补偿
N18 G00 X44	精加工轮廓开始，到ϕ44mm外圆处
N19 G01 W–20 F80	精加工ϕ44mm外圆
N20 U–10 W–10	精加工外圆锥
N21 W–10	精加工ϕ34mm外圆
N22 G03 U–14 W–7 R7	精加工R7圆弧
N23 G01 W–10	精加工ϕ20mm外圆
N24 G02 U–10 W–5 R5	精加工R5圆弧
N25 G01 Z–80	精加工ϕ10mm外圆
N26 U–4 W–2	精加工倒2mm×45°角，精加工轮廓结束
N27 G40 X4	退出已加工表面，取消刀尖圆弧半径补偿
N28 G00 Z100	退出工件内孔
N29 X100	回程序起点或换刀点位置
N30 M05	停主轴
N31 M30	程序结束并复位

【例2-40】 用外径粗加工复合循环功能编制图2-77所示带凹槽零件的加工程序。要求循环起点在（42，2），切削深度为1.5mm（半径量），退刀量为1mm，X方向精加工余量为0.3mm，Z方向精加工余量为0.1mm，毛坯尺寸为ϕ40mm×120mm。刀具为90°外圆车刀（刀尖角35°、副偏角55°），装在刀架1号刀位。

%0240	程序号
T0101	换1号刀，调用1号刀补，建立工件坐标系
M03 S600	主轴正转，转速为600r/min
G00 X42 Z2	快速到达循环起点
G81 X–1 Z0 F100	G81循环车右端面
G71 U1 R1 P10 Q20 E0.3	G71复合循环粗车外圆

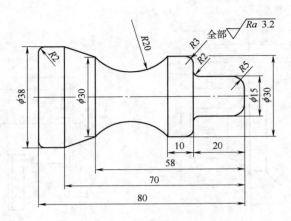

图 2-77　G71 带凹槽外轮廓循环编程

N10　G00　X5	外圆精加工程序开始
F50　S1000	进给速度为 50mm/min，主轴转速为 1000r/min
G42　G01　Z0	建立刀尖圆弧半径补偿，只在精加工时有效
G03　X15　Z–5　R5	
G01　Z–18	
G02　X19　Z–20　R2	
G01　X24	
G03　X30　Z–23　R3	
G01　Z–30	
G02　X30　Z–58　R20	
G01　X38　Z–70	
Z–82	
N20　G40　G01　X42	取消刀尖圆弧半径补偿，外圆精加工结束
G00　X100　Z100	快速返回
M05	停主轴
M30	程序结束并复位

（2）端面粗车复合固定循环指令 G72

指令格式：G72　W(Δd)　R(r)　P(ns)　Q(nf)　X(Δx)　Z(Δz)　F(f)　S(s)　T(t)

指令说明：该循环与 G71 的区别仅在于切削方向平行于 X 轴。每次循环是在 Z 方向下刀，X 方向切削。

【例 2-41】　用端面粗车复合循环 G72 编制图 2-78 所示零件的加工程序，要求循环起点在（76，2），切削深度为 1.5mm，退刀量为 1mm，X 方向精加工余量为 0.1mm，Z 方向精加工余量为 0.3mm，其中点画线部分为工件毛坯。端面刀装在刀架 1 号刀位，参考程序如下。

%0241	程序号
N11　T0101	换 1 号刀，建立工件坐标系
N12　M03　S600	主轴以 600r/min 正转
N13　G00　X76　Z2	到循环起点位置
N14　G72　W1.5　R1　P17　Q26　X0.1　Z0.3　F100	

	外端面粗切循环加工
N15 G00 X100 Z100	粗加工后，到换刀点位置
N16 G42 X76 Z2	加入刀尖圆弧半径补偿，只在精加工时有效
N17 G00 Z−51	精加工轮廓开始，到锥面延长线处
N18 G01 X54 Z−40 F80	精加工锥面
N19 Z−30	精加工ϕ54mm外圆
N20 G02 U−8 W4 R4	精加工$R4$圆弧
N21 G01 X30	精加工Z26处端面
N22 Z−15	精加工ϕ30mm外圆
N23 U−16	精加工Z15处端面
N24 G03 U−4 W2 R2	精加工$R2$圆弧
N25 Z−2	精加工ϕ10mm外圆
N26 U−6 W3	精加工倒2mm×45°角，精加工轮廓结束
N27 G00 X50	退出已加工表面
N28 G40 X100 Z100	取消刀尖圆弧半径补偿，快速返回换刀点
N29 M05	停主轴
N30 M30	程序结束并复位

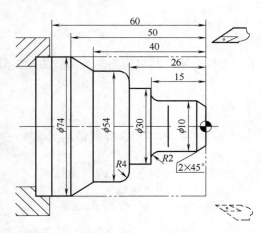

图2-78 G72循环编程

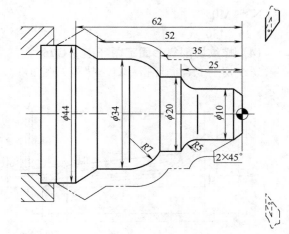

图2-79 G73循环编程

（3）闭合车削复合固定循环指令G73

指令格式：G73 U(Δi) W(Δk) R(r) P(ns) Q(nf) X(Δx) Z(Δz) F(f) S(s) T(t)

指令说明：该功能在切削工件时刀具逐渐进给，使封闭切削回路逐渐向零件最终形状靠近，最终切削成工件的形状。这种指令能对经铸造、锻造等粗加工，已初步成型的工件进行加工。其中：Δi为X方向的粗加工总余量；Δk为Z方向的粗加工总余量；r为粗切削次数；其他参数同G71。

💡 **注意：**Δi和Δk表示粗加工时总的切削量，粗加工次数为r，则每次X、Z方向的切削量为Δi/r、Δk/r；按G73段中的P和Q指令值实现循环加工，要注意Δx和Δz，Δi和Δk的正负号。

【例2-42】 用闭环车削复合循环G73编制图2-79所示零件的加工程序。设切削起始点在 A（50，2），*X*、*Z* 方向粗加工余量分别为 3mm、0.9mm，粗加工次数为 3，*X*、*Z* 方向精加工余量分别为 0.3mm、0.1mm。其中点画线部分为工件毛坯。

%0242	程序号
N11 T0101	换 1 号刀，建立工件坐标系
N12 M03 S600	主轴以 600r/min 正转
N13 G00 X50 Z2	到循环起点位置
N14 G73 U3 W0.9 R3 P15 Q23 X0.3 Z0.1 F100	
	闭环粗切循环加工
N15 G00 X0 Z3	精加工轮廓开始，到倒角延长线处
N16 G01 U10 Z-2 F80	精加工倒 2mm×45°角
N17 Z-20	精加工 ϕ10mm 外圆
N18 G02 U10 W-5 R5	精加工 *R*5 圆弧
N19 G01 Z-35	精加工 ϕ20mm 外圆
N20 G03 U14 W-7 R7	精加工 *R*7 圆弧
N21 G01 Z-52	精加工 ϕ34mm 外圆
N22 U10 W-10	精加工锥面
N23 U10	退出已加工表面，精加工轮廓结束
N24 G00 X100 Z100	返回程序起点位置
N25 M05	停主轴
N26 M30	程序结束并复位

（4）螺纹切削复合固定循环指令 G76

螺纹切削复合循环指令 G76 执行如图 2-80 所示的循环路线，其单边切削及参数如图 2-81 所示。

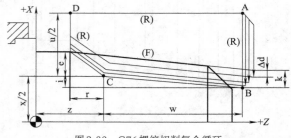
图 2-80　G76 螺纹切削复合循环

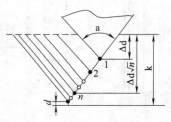
图 2-81　G76 循环单边切削及其参数

指令格式：

G76 C(c) R(r) E(e) A(a) X(x) Z(z) I(i) K(k) U(d) V(Δd_{min}) Q(Δd) P(p) F(L)

指令说明：

① c 为精整次数（1~99），为模态值；r 为螺纹 *Z* 方向退尾长度，为模态值；e 为螺纹 *X* 方向退尾长度，为模态值。

② a 为刀尖角度（两位数字），为模态值，在 80°、60°、55°、30°、29° 和 0° 六个角度中选一个。

③ x、z 在绝对坐标编程时，为有效螺纹终点 C 的坐标，在增量坐标编程时，为有效螺纹终点 C 相对于循环起点 A 的有向距离。

④ i 为螺纹切削起点 B 与有效终点 C 的半径差，如 i=0，为直螺纹（圆柱螺纹）切削方式。

⑤ k 为螺纹高度，该值由 *X* 方向上的半径值指定。

⑥ Δd_{min} 为最小切削深度（半径值），当第 n 次切削深度（$\Delta d_n - \Delta d_{n-1}$）小于 Δd_{min} 时，则切削深度设定为 Δd_{min}。

⑦ d 为精加工余量（半径值），Δd 为第一次切削深度（半径值）。

⑧ p 为主轴基准脉冲处距离切削起点的主轴转角，L 为螺纹导程（同 G32）。

⑨ B 点到 C 点的切削速度由 F 代码指定，而其他轨迹均为快速进给。

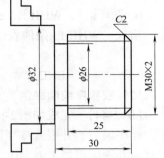

图 2-82　G76 编程实例

【例 2-43】　如图 2-82 所示，用螺纹切削复合循环 G76 指令编写螺纹加工程序。精加工次数为 1 次，无退尾，刀尖为 60°，最小切深取 0.1mm，精加工余量取 0.1mm，螺纹牙型高度为 1.3mm，第一次切深取 0.9mm，螺距为 2mm，螺纹小径为 27.4mm。

%0243	程序号
N10 T0101	换 1 号刀，建立工件坐标系
N20 M03 S300	主轴以 300r/min 正转
N30 G00 X28 Z2	到循环起点位置
N40 G76 C1 R0 E0 A60 X27.4 Z–27 I0 K1.3 U0.1 V0.1 Q0.9 F1.5	螺纹复合循环
N50 G00 X100 Z100	快速返回换刀点
N60 M05	停主轴
N70 M30	程序结束并复位

2.5.4　华中系统宏程序

（1）宏指令

HNC-21/22T 系统为用户配备了强有力的类似于高级语言的宏程序功能，其运算符、表达式及赋值功能基本和 FANUC 系统一样，这里只阐述和其有区别的地方。

① 宏变量及常量

a. 宏变量。#0 ~ #49 为当前局部变量；#50 ~ #199 为全局变量；#200 ~ #249 为 0 层局部变量；#250 ~ #299 为 1 层局部变量；#300 ~ #349 为 2 层局部变量；#350 ~ #399 为 3 层局部变量；#400 ~ #449 为 4 层局部变量；#450 ~ #499 为 5 层局部变量；#500 ~ #549 为 6 层局部变量；#550 ~ #599 为 7 层局部变量；#600 ~ #699 为刀具长度寄存器 H0 ~ H99；#700 ~ #799 为刀具半径寄存器 D0 ~ D99；#800 ~ #899 为刀具寿命寄存器。

b. 常量 PI。圆周率 π；

c. TRUE 为条件成立（真），FALSE 为条件不成立（假）。

② 宏程序语句

a. 条件判别语句 IF，ELSE，ENDIF

格式 I：IF　条件表达式

　　　　…

　　　　ELSE

　　　　…

　　　　ENDIF

格式 II：IF　条件表达式

```
            …
        ENDIF
```
b. 循环语句 WHILE，ENDW

格式：WHILE 条件表达式
```
            …
        ENDW
```

（2）宏程序编制举例

【例2-44】 完成如图2-83所示零件加工的编程，毛坯尺寸为ϕ52mm×140mm，椭圆部分用宏程序编写，并嵌入G71循环中（HNC-21/22T系统宏程序可以直接编入G71指令）。所用刀具为外轮廓粗加工刀T01、精加工刀T02。

程序	说明
%0244	程序名
T0101	换1号刀，建立工件坐标系，粗加工
M03 S600	主轴正转，转速600r/min
G00 X54 Z2	快速定位到G71循环起点
G71 P10 Q20 X0.3 Z0.1 F100	外径车削复合循环
N10 G00 X0	精加工开始
G01 Z0 F50	
#2=40	定义Z坐标为自变量#2，初始值为40
WHILE #2 GE 0	设定循环条件（#2大于等于0）
#3=20*SQRT[40*40−#2*#2]/40	X坐标计算（椭圆坐标系中）
#4=2*#3	将椭圆坐标系中的X值转换到工件坐标系 *OXZ*中
#5=#2−40	将椭圆坐标系中的Z值转换到工件坐标系 *OXZ*中
G01 X#4 Z#5	直线插补拟合椭圆轨迹
#2=#2−0.5	自变量递减，步长为0.5mm
ENDW	循环结束
G01 Z−50	其他轮廓开始加工
X50	
Z−65	
G02 X50 Z−90 R18.1	
N20 G01 Z−100	精加工结束
X54	*X*方向退刀
G00 X100 Z100	快速返回换刀点
M05	停主轴
M30	程序结束并复位

【例2-45】 完成如图2-84所示零件的编程，毛坯尺寸为ϕ30mm×80mm棒料。抛物线部分用宏程序编写，并嵌入G71循环中。所用刀具为90°外圆粗车刀T01、90°外圆精车刀T02。

程序	说明
%0245	程序名
T0101	换1号刀，建立工件坐标系，粗加工

M03 S600	主轴正转，转速600r/min
G00 X32 Z2	快速定位到G71循环起点
G71 U1.5 R1 P10 Q20 X0.3 Z0.1 F100	外径车削复合循环
N10 G00 X0 S1000	精加工开始
G01 Z0 F50	
#10=0	定义X坐标为自变量#10，初始值为0
WHILE #10 LE 10	设定循环条件（#10小于等于10）
G01 X［2*#10］ Z［-#11］	直线插补拟合抛物线轨迹
#10=#10+0.5	自变量递增，步长为0.5mm
#11=#10*#10/4	Z坐标计算（抛物线坐标系）
ENDW	循环结束
Z-30	其他轮廓开始加工
X28 Z-40	
N20 Z-50	精加工结束
X32	退刀
G00 X100 Z100	快速返回换刀点
M05	停主轴
M30	程序结束并复位

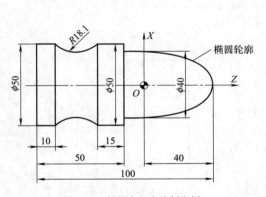

图2-83 椭圆宏程序编制实例

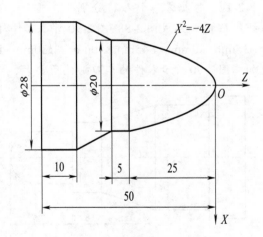

图2-84 抛物线宏程序编制实例

思考与训练

2-1 数控车床的机床原点与工件原点怎么确定？

2-2 G代码表示什么功能？ M代码表示什么功能？

2-3 什么是模态G代码？什么是非模态G代码？

2-4 程序结束指令M02和M30有何相同功能？又有什么区别？

2-5 在恒线速度控制车削过程中，为什么要限制主轴的最高转速？

2-6 螺纹车削有哪些指令？为什么螺纹车削时要留有引入量和超越量？

2-7 G00与G01程序的主要区别是什么？

2-8 单一循环切削指令（G90、G94）能否实现圆弧插补循环？为什么？

2-9 多重复合循环指令（G71、G72、G73）能否实现圆弧插补循环？各指令适合加工哪类毛坯的工件？

2-10 为什么要进行刀尖半径补偿？请写出刀尖半径补偿的编程指令格式。

2-11 根据零件特征，请选择合适的单一循环指令，分别按FANUC 0i及HNC-21/22T系统编程格式完成图2-85~图2-87所示零件车削编程。毛坯尺寸分别为φ62mm×100mm、φ60mm×50mm、φ62mm×60mm。所用刀具均为T01（93°外圆车刀）。

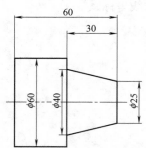

图2-85 单一循环编程训练1

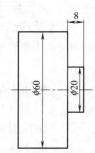

图2-86 单一循环编程训练2

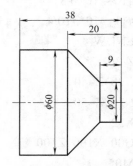

图2-87 单一循环编程训练3

2-12 根据零件特征，分别用多重复合循环指令G71、G72、G73及G70按FANUC 0i系统编程格式完成图2-88~图2-90所示零件外轮廓车削编程（粗、精加工）。毛坯尺寸分别为φ35mm×80mm、φ45mm×50mm、φ30mm×100mm，所用刀具均为T01（93°外圆车刀，其中加工图2-90所示零件的车刀副偏角要大，以避免干涉）。

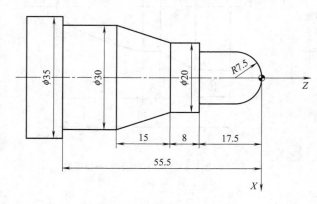

图2-88 复合循环训练1

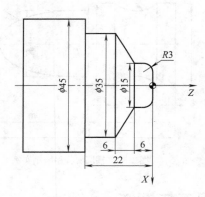

图2-89 复合循环训练2

2-13 用G71、G70指令按FANUC 0i系统编程格式完成图2-91所示零件外轮廓车削编程，精加工要使用刀尖半径（假设其为0.3mm）补偿功能。毛坯尺寸为φ40mm×80mm，粗、精加工所用刀具为T01(93°外圆粗车刀)、T02（93°外圆精车刀）。

2-14 用G71指令按HNC-21/22T系统编程格式完成图2-92、图2-93所示零件内轮廓车削编程，精加工要使用刀尖半径补偿功能（假设其为0.3mm）。加工前分别钻出直径为φ18mm和φ26mm的孔，粗、精加工所用刀具为T01（93°内孔粗镗刀）、T02（93°内孔精镗刀）。

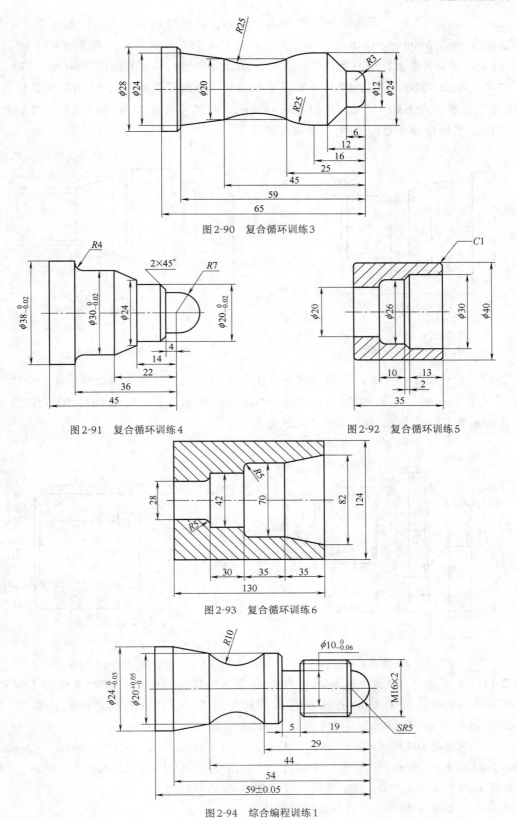

图2-90 复合循环训练3

图2-91 复合循环训练4

图2-92 复合循环训练5

图2-93 复合循环训练6

图2-94 综合编程训练1

2-15 完成图2-94、图2-95所示零件车削编程，注明所用数控系统。毛坯尺寸分别为 $\phi25mm\times90mm$、$\phi40mm\times90mm$。所用刀具分别为T01（93°外圆车刀，其中加工图2-94所示零件的车刀副偏角要大，以避免干涉）、T02（4mm宽切槽切断刀）、T03（60°螺纹刀）。

2-16 完成图2-96、图2-97所示零件车削编程（均需调头加工），注明所用数控系统。毛坯尺寸分别为 $\phi62mm\times118mm$、$\phi50mm\times88mm$。所用刀具分别为T01（93°外圆车刀）、T02（4mm宽切槽切断刀）、T03（60°螺纹刀）。

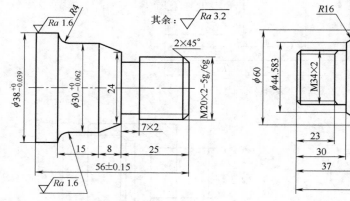

图2-95 综合编程训练2

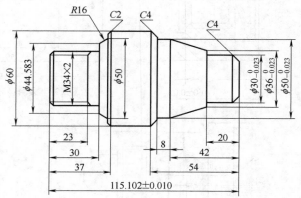

图2-96 综合编程训练3

2-17 完成图2-98、图2-99所示零件内轮廓车削编程，注明所用数控系统。加工前钻出直径为 $\phi18mm$ 的孔。毛坯尺寸为 $\phi40mm\times102mm$。所用刀具分别为T01（93°内孔镗刀）、T02（3mm宽内切槽刀）、T03（60°内螺纹刀）。

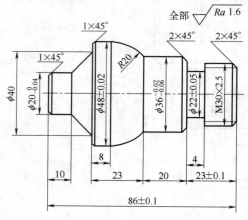

图2-97 综合编程训练4

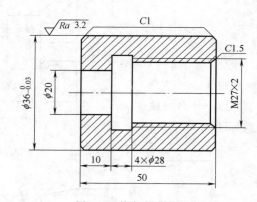

图2-98 综合编程训练5

2-18 完成图2-100所示零件内、外轮廓车削编程，注明所用数控系统。毛坯尺寸为 $\phi82mm\times42mm$。所用刀具分别为T01（93°外圆车刀）、T02（93°内孔镗刀）、T03（4mm宽切断刀）、T04（60°螺纹刀）、T05（60°内螺纹刀）。

2-19 完成2-101所示配合件车削编程，注明所用数控系统。毛坯尺寸分别为 $\phi66mm\times94mm$、$\phi54mm\times38mm$。所用刀具分别为T01（93°外圆车刀）、T02（93°内孔镗刀）、T03（4mm宽切槽切断刀）、T04（60°螺纹刀）、T05（60°内螺纹刀）。

2-20 什么是宏程序？宏程序有哪些特点？

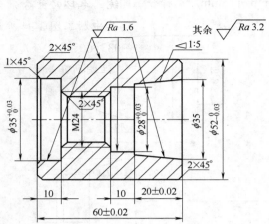

图2-99 综合编程训练6

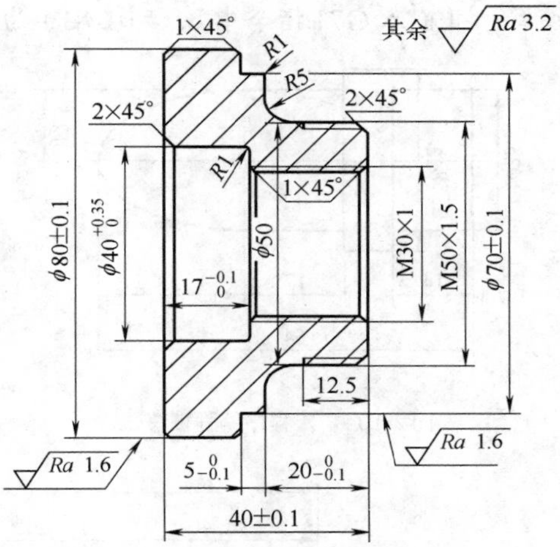

图2-100 综合编程训练7

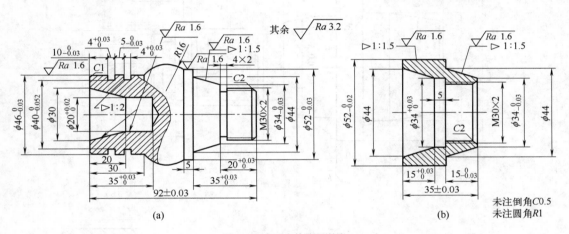

(a)

(b)

图2-101 配合件编程训练

2-21 FANUC 0i 系统的局部变量和公共变量有何区别？

2-22 FANUC 0i 系统和HNC-21/22T 系统的WHILE循环有何异同？

2-23 什么叫赋值？请举例说明。

2-24 完成图2-102、图2-103所示零件椭圆轮廓的精加工编程。

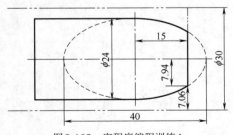

图2-102 宏程序编程训练1

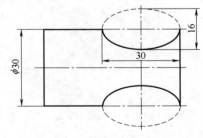

图2-103 宏程序编程训练2

2-25 完成图2-104、图2-105所示零件椭圆轮廓的粗、精加工编程（按FANUC 0i 系统编程格式，粗加工用G73指令），毛坯尺寸分别为φ35mm×68mm、φ52mm×70mm。

2-26 完成图2-106所示零件车削编程（按HNC-21/22T 系统编程格式，椭圆部分用宏程序编写，并嵌入G71指令中）。毛坯尺寸为$\phi60mm\times115mm$。选择合适的刀具及切削参数。

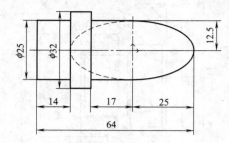

图2-104　宏程序编程训练3

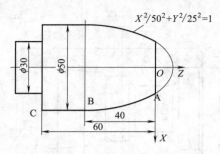

图2-105　宏程序编程训练4

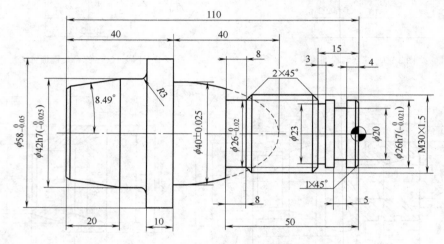

图2-106　宏程序编程训练5

第3章 数控车床加工实训

【知识提要】 本章全面介绍数控车床加工。主要包括数控车床操作实训、数控车床基本加工实训（阶梯轴加工、成型零件加工、切槽加工、螺纹加工、套类零件加工）、数控车床综合加工实训（轴类零件综合加工、套类零件综合加工）等内容。主要以 FANUC 0i 系统为例来介绍。

【训练目标】 通过本章内容的学习，学习者应全面掌握数控车床的基本操作、基本零件的编程及加工方法、综合零件的编程及加工方法，具备数控车床的操作及使用技能。

3.1 数控车床操作实训

3.1.1 数控车床基本操作

为了正确合理地使用数控机床，减少其故障的发生率，操作人员除了要熟练掌握数控机床的性能以外，还必须具备安全操作的基本常识。下面以配备 FANUC 0i Mate-TC 系统的数控车床为例来阐述数控车床的基本操作。

3.1.1.1 安全操作规程

（1）开机前的注意事项

① 操作人员必须熟悉该数控机床的性能和操作方法，经管理人员同意方可操作机床。

② 机床通电前，先检查电压、气压、油压是否符合工作要求。

③ 检查机床可动部分是否处于可正常工作状态。

④ 检查工作台是否有越位、超极限状态。

⑤ 检查电气元件是否牢固，是否有接线脱落。

⑥ 检查机床接地线是否和车间地线可靠连接（初次开机特别重要）。

⑦ 完成开机前的准备工作后方可合上电源总开关。

（2）开机过程注意事项

① 严格按机床说明书中的开机顺序进行操作。

② 一般情况下开机后必须先进行回机床参考点操作，建立机床坐标系。

③ 开机后让机床空运转 15min 以上，使机床达到平衡状态。

④ 关机以后必须等待 5min 以上才可以进行再次开机，没有特殊情况不得随意频繁进行开机或关机操作。

（3）调试过程注意事项

① 编辑、修改、调试好程序。若是首件试切必须进行空运行，确保程序正确无误。

② 按工艺要求安装、调试好夹具，并清除各定位面的铁屑和杂物。

③ 按定位要求装夹好工件，确保定位正确可靠。不得在加工过程中发生工件松动现象。

④ 安装好要用的刀具，若是加工中心，则必须使刀具在刀库中的刀位号与程序中的刀位号严格一致。

⑤ 按工件上的编程原点进行对刀，建立工件坐标系。若用多把刀具，则其余各把刀具分别进行长度补偿或刀尖位置补偿。

⑥ 设置好刀尖半径补偿。

⑦ 确认切削液输出通畅，流量充足。

⑧ 再次检查所建立的工件坐标系是否正确。

以上各点准备好后方可加工工件。

（4）加工过程注意事项

① 加工过程中，不得调整刀具和测量工件尺寸。

② 自动加工中，自始至终监视运转状态，严禁离开机床，遇到问题及时解决，防止发生不必要的事故。

③ 定时对工件进行检验。确定刀具是否磨损等情况。

④ 关机或交接班时对加工情况、重要数据等作好记录。

⑤ 机床各轴在关机时远离其参考点，或停在中间位置，使工作台重心稳定。

⑥ 清洁机床，必要时涂防锈漆。

3.1.1.2 开、关机操作

（1）开机

① 检查机床状态是否正常；

② 检查电源电压是否符合要求，接线是否正确；

③ 按下"急停"按钮；

④ 机床上电；

⑤ 数控系统上电；

⑥ 检查风扇电机运转是否正常；

⑦ 检查面板上的指示灯是否正常。

（2）复位

系统上电进入数控系统操作界面时，系统的工作方式为"急停"，为控制系统运行，需旋起机床操作面板上的"急停"按钮使系统复位，并接通伺服电源。

（3）返回机床参考点

控制机床运动的前提是建立机床坐标系，为此，系统接通电源、复位后首先应进行机床各轴回参考点操作。方法如下：

① 如果系统显示的当前工作方式不是"回零（REF）"方式，调整机床操作面板上面的"回零（REF）"按键，确保系统处于"回零"方式；

② 按下"+X"按键，X轴回到参考点后，X轴回零指示灯亮；

③ 用同样的方法使Z轴回参考点。所有轴回参考点后，即建立了机床坐标系。

 注意：

① 在每次电源接通后，必须先完成各轴的返回参考点操作，然后再进入其他运行方式，以确保各轴坐标的正确性；

② 通常情况下，对于数控车床应先使 X 轴返回参考点；

③ 在回参考点前，应确保回零轴与参考点保持适当距离，否则应手动移动该轴直到满足此条件；

④ 在回参考点过程中，若出现超程，请按住控制面板上的"超程解除"按键，向相反方向手动移动该轴使其退出超程状态后，按"RESET"解除报警。

（4）急停

机床运行过程中，在危险或紧急情况下，按下"急停"按钮，CNC 即进入急停状态，伺服进给及主轴运转立即停止（控制柜内的进给驱动电源被切断）；旋开"急停"按钮（右旋此按钮，自动跳起），CNC 进入复位状态。

注意：

在开机和关机之前应按下"急停"按钮以减少对设备的电冲击。

（5）关机

① 按下控制面板上的"急停"按钮，断开伺服电源；

② 断开数控系统电源；

③ 断开机床电源。

3.1.1.3 手动操作

机床的手动操作主要包括如下内容：移动机床坐标轴（手动、增量）、控制主轴、机床锁住、刀位转换、切削液启停。

（1）坐标轴移动

手动移动机床坐标轴的操作由机床控制面板上的方式选择、轴手动、增量倍率、进给修调、快速修调等按键共同完成。

① 手动进给　按下"手动（JOG）"按钮（指示灯亮），系统处于手动运行方式，可手动移动机床坐标轴（下面以手动移动 X 轴为例说明）：

a. 按压"＋X"或"－X"按键（指示灯亮），X 轴将产生正向或负向连续移动；

b. 松开"＋X"或"－X"按键（指示灯灭），X 轴即减速停止。

② 手动快速移动　在手动进给时，若同时按压"快进"按键，则产生相应的在轴的正向或负向快速运动。

③ 手动进给速度选择　在手动进给时，进给速度为系统参数"最高快移速度"的 1/3 乘以进给修调选择的进给倍率。手动快速移动的速度为系统参数"最高快移速度"乘以快速修调选择的快移倍率。

④ 增量进给　按下"增量进给（INC）"按钮，再按一下控制面板上的"增量倍率"按键（指示灯亮），系统处于增量进给方式，可增量移动机床坐标轴（下面以增量进给 X 轴为例说明）：

a. 按一下"＋X"或"－X"按键，X 轴将向正向或负向移动一个增量值；

b. 再按一下"＋X"或"－X"按键，X 轴将向正向或负向继续移动一个增量值。

⑤ 增量值选择　增量进给的增量值由"×1""×10""×100""×1000"四个增量倍率按键控制。增量倍率按键和增量值的对应关系如表 3-1 所示。

表3-1　增量倍率按键和增量值的对应关系

增量倍率按键	×1	×10	×100	×1000
增量值/mm	0.001	0.01	0.1	1

注意：

这几个按键互锁，即按其中一个（指示灯亮），其余几个会失效（指示灯灭）。

（2）主轴控制

主轴手动控制由机床控制面板上的主轴手动控制按键完成。

① 主轴正转；

② 主轴反转；

③ 主轴停止。

注意：

"主轴正转""主轴反转""主轴停止"这几个按键互锁，即按其中一个（指示灯亮），其余两个会失效（指示灯灭）。

机械变速机床，主轴旋转时不能改变方向或速度。

（3）机床锁住

机床锁住用于禁止机床所有运动。

在手动运行方式下，按一下"机床锁住"按键（指示灯亮），再进行手动操作，系统继续执行，显示屏上的坐标轴位置信息变化，但不输出伺服轴的移动指令，所以机床停止不动。

（4）其他手动操作

① 刀位转换　在手动方式下，按一下"手动选刀"按键，转塔刀架转动一个刀位。

② 冷却启动与停止　在手动方式下，按一下"冷却"按键，切削液开（默认值为切削液关），再按一下又为切削液关，如此循环。

3.1.1.4　程序运行

（1）手动数据输入（MDI）运行

按下"MDI"按钮（指示灯亮），进入MDI方式，输入完指令段后，按一下操作面板上的"循环启动"键，系统即开始运行所输入的MDI指令。自动运行过程中，不能进入MDI方式，可在进给保持后进入。MDI方式最多允许输入一屏指令，部分功能受限，主要用于机床准备和调试。

（2）程序的输入与编辑

按下"编辑（EDIT）"按钮（指示灯亮），进入程序编辑方式，在"编辑"状态下（程序保护解除时），可以输入、编辑程序及调取内存中的程序。

（3）程序的运行

按下"自动运行（AUTO）"按钮（指示灯亮），进入自动运行方式，程序编辑调试及准备工作完成后，在"自动运行"状态下，按一下操作面板上的"循环启动"键，系统即开始运行当前程序。

3.1.2　数控车床对刀操作

（1）对刀方法

数控车削加工时，刀架上通常需要安装多把刀具，在进行手动试切对刀时，如果不选定一把刀作为基准刀，且在刀偏表中每把刀都设置了偏置，这种手动试切对刀方法叫绝对刀偏法对刀，这是目前数控车床最常用的对刀方法。使用这种对刀方法的程序结构形式（以FANUC 0i系统为例）如下。

O××××;

T0202;（无G50 或G54建立工件坐标系指令，无M06指令）

M03 S××××;

G90（或G91）G00 X__ Z__;

……

T0101;（无须取消上一把刀的刀补，就直接建立下一把刀的刀具补偿）

……

数控车床控制刀具运动时通常是以刀架中心为基准。对刀设置偏置值，实际就是确定每把刀的刀位点到达工件原点时，刀架中心在机床坐标系中的位置（坐标值）。如图3-1所示，刀架上装有4把刀，刀具的形状、尺寸都不一样，所以即使工件原点只有一个，但每把刀的刀位点到达工件原点时，刀架中心在机床坐标系中的位置（坐标值）却不一样，这就需要对每把刀分别进行试切对刀来确定刀架中心的偏置值。

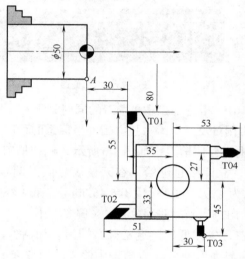

图3-1　多把刀在刀架上的位置

（2）对刀操作

以工件坐标系零点设在工件右端面中心为例来说明。

① 华中HNC-21/22T系统对刀

a. 外圆刀对刀　选择1号外圆刀，先试切直径，如图3-2所示，试切一段长度后刀具沿+Z方向退离工件（切记X方向保持不动，此时刀尖的X方向机床坐标值为-343.167），主轴停止，测量试切段的直径尺寸，在如图3-3所示的刀偏表界面刀偏号0001地址中输入试切直径（测量值为ϕ45.467mm），系统会根据输入的试切直径值自动计算出工件中心的X方向机床坐标（-343.167-45.467=-388.634），存放在"X偏置"中。

图3-2　1号外圆刀试切对刀

紧接着启动主轴，试切端面，如图3-4所示，整个端面试切完后，刀具沿+X方向退离工件（切记Z方向保持不动，此时刀尖的Z方向机床坐标值为-861.032），在如图3-5所示刀偏表界面刀偏号0001地址中输入试切长度0（0表示以试切完后的端面作为工作坐标系的Z方向零点），系统会根据输入的试切长度值自动计算出工件中心的Z方向机床坐标（-861.032-0=-861.032），存放在"Z偏置"中。

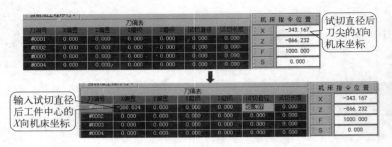

图3-3 试切直径输入及"X偏置"自动生成 ·· 图3-4 1号刀试切端面对刀

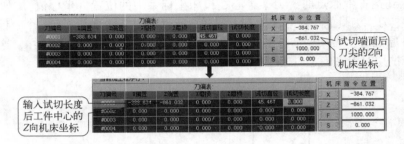

图3-5 试切长度输入及"Z偏置"自动生成

在编程时，用"T0101"指令在换取1号刀的同时，调用了1号偏置值，从而建立了工件坐标系，这样不需要再用G92指令编写建立工件坐标系的程序段。

b. 切槽刀对刀 选择2号切槽刀，如图3-6所示，使切槽刀低速接近1号刀试切的外圆面，在切屑出现的瞬间，立即停止进给，在刀偏表界面刀偏号0002地址中输入试切直径（此时的试切直径值仍然为1号刀的试切值ϕ45.467mm），和1号刀的计算方法一样，系统会自动计算出工件中心的X向机床坐标并存放在"X偏置"中。

紧接着控制刀具的左刀尖以低速接近工件右端面，如图3-7所示，在切屑出现的瞬间，立即停止进给，在刀偏表界面刀偏号0002地址中输入试切长度0，系统会自动计算出工件中心的Z向机床坐标并存放在"Z偏置"中。

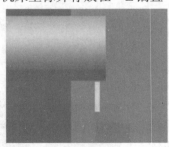

图3-6 2号刀试切外圆对刀

图3-7 2号刀试切端面对刀

c. 螺纹刀对刀 选择3号螺纹刀，使螺纹刀低速接近1号刀试切的外圆面，如图3-8所示，在切屑出现的瞬间，立即停止进给，在刀偏表界面刀偏号0003地址中输入试切直径ϕ45.467mm，和1号刀的计算方法一样，系统会自动计算出工件中心的X向机床坐标并存放在"X偏置"中。

由于螺纹切削时有引入和超越距离，所以Z方向不需要精确对刀，只需要控制刀尖点与工件右端面基本对齐，如图3-9所示，然后在刀偏表界面刀偏号0003地址中输入试切长

图3-8 3号刀试切外圆对刀

图3-9 3号刀试切端面对刀

度0，系统会自动计算出工件中心的Z向机床坐标并存放在"Z偏置"中。

② FANUC 0i系统对刀 对于FANUC 0i系统，试切与测量方法与前述华中系统完全一样，只是测量值的输入方法和过程不一样，这里只以1号刀为例说明，其他刀可参照1号刀的输入方法。

a. 试切直径 依次按功能键 OFFSET SETTING →软键［补正］→软键［形状］键，进入形状补偿参数设定界面，如图3-10所示。

如图3-11所示，移动光标到相应的位置（番号01）后，输入外圆直径值"X40."，按［测量］键，补偿值自动输入到几何形状X值里，如图3-12所示。

b. 试切端面 和步骤a一样，移动光标到相应的位置后，输入"Z0"，按［测量］键，补偿值自动输入到几何形状Z值里，如图3-13所示。

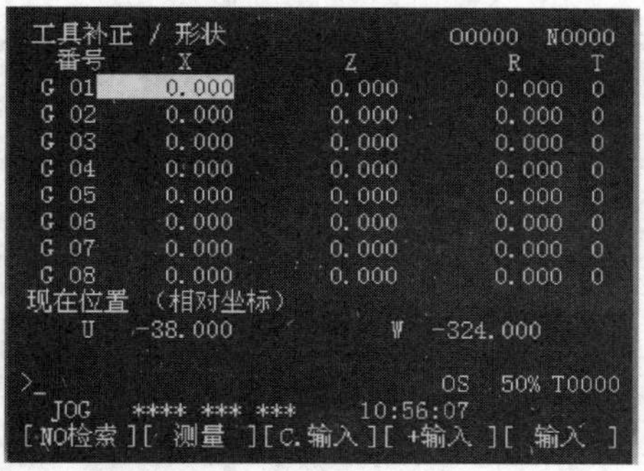

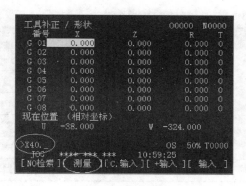

图3-10 形状补偿参数设定界面

图3-11 试切直径值输入

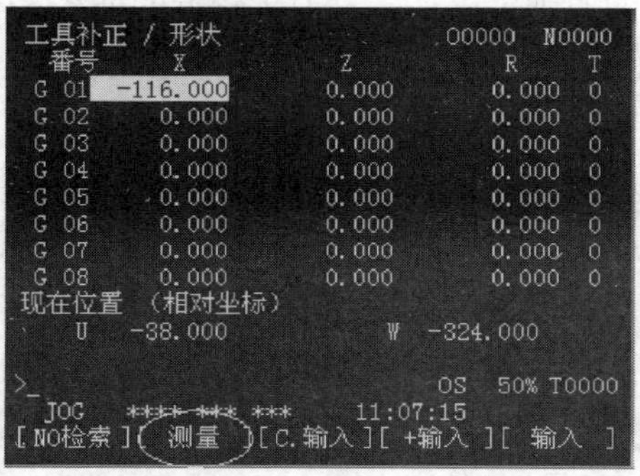

图3-12 自动生成的X补偿值

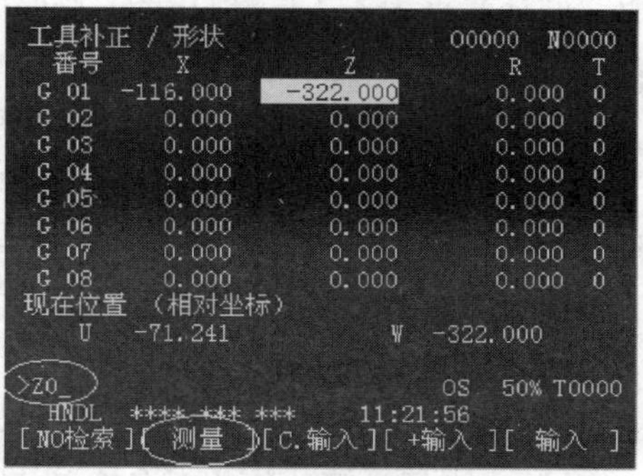

图3-13 自动生成的Z补偿值

3.2　数控车床基本加工实训

3.2.1　阶梯轴加工

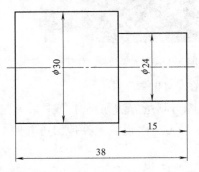

图3-14　零件图

【例3-1】　完成如图3-14所示的阶梯轴的车削加工。毛坯为 ϕ32mm×80mm棒料，材料为硬铝2A12。

(1) 加工工艺制定

① 任务分析　零件材料为硬铝2A12，切削性能较好，加工部位为直径 ϕ24mm和 ϕ30mm的外圆柱面，无特殊的精度要求，尺寸精度均未注公差。

② 工具、量具、刀具选择

a. 工具选择　铝棒装夹在三爪自定心卡盘上。

b. 量具选择　外圆、长度精度要求不高，选用0~150mm游标卡尺测量；铝棒装夹用百分表校正。

c. 刀具选择　该工件的材料为硬铝，切削性能较好，可以选用自行刃磨的90°高速钢外圆车刀，安装在T01号刀位。

工具、量具、刀具的具体选择见表3-2。

表3-2　工具、量具、刀具的选择

种类	序号	名称	规格	精度	数量
工具	1	三爪自定心卡盘	QH135		1
	2	刀架扳手、卡盘扳手			1
	3	铜片			1
量具	1	百分表及表座	0 ~ 10mm	0.01mm	1
	2	游标卡尺	0 ~ 150mm	0.02mm	1
刀具	1	高速钢外圆车刀	90°主偏角		1

③ 加工路线　任务中的阶梯轴加工精度低，不分粗精加工，编程时使用纵向单一循环功能，循环起点为A（33，2）点。按照先近后远的原则，先加工靠刀具较近的外径 ϕ24mm，因余量较大需分多次车削（每次直径方向上车削2mm），然后加工外径 ϕ30mm，因余量不大，可一次走刀加工出来。加工路线如图3-15所示。

④ 切削用量选择　加工材料为硬铝，硬度低，切削力小，精度要求不高，可用一把外圆车刀加工至尺寸要求，选择主轴转速为 n=800r/min，进给速度 f=0.1mm/r。

(2) 程序编制

① 工件坐标系的建立　此任务工件坐标系的原点选在工件右端面的中心，遵循基准重合的原则。

② 基点坐标计算　编程时各个基点坐标见表3-3。

表3-3　基点坐标

基点	坐标	基点	坐标
O	(0,0)	D	(30,-15)
B	(24,0)	E	(30,-38)
C	(24,-15)		

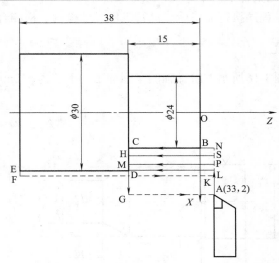

图3-15　加工路线

③ 参考程序

O0031;	程序名
M03 S800;	主轴正转，转速800r/min
T0101;	换1号刀，调用01号偏置建立工件坐标系
G00 X33. Z2.;	刀具快速定位至循环起点
G90 X30. Z-15. F0.1;	刀具轨迹为A→L→D→G→A
X28.;	刀具轨迹为A→P→M→G→A
X26.;	刀具轨迹为A→S→H→G→A
X24.;	刀具轨迹为A→N→C→G→A
G00 X30.;	刀具定位φ30mm外圆面
G01 Z-38.;	刀具轨迹为L→E
G00 X100.;	刀具沿X方向安全退出
Z100.;	刀具沿Z方向安全退出
M05;	主轴停转
M30;	程序结束并复位

（3）加工操作

① 检查毛坯尺寸。

② 开机、回参考点。

③ 程序输入及校验。把编写好的数控程序输入数控系统，并进行程序校验，确保程序无任何语法和逻辑错误。

④ 工件装夹。加工时以外圆定位，用三爪自动定心卡盘夹紧铝棒，铝棒伸出卡盘

约60mm，找正并装夹。

⑤ 刀具装夹。将外圆车刀装在电动刀架的1号刀位上。

⑥ 对刀操作。按前面讲述方法用试切法完成外圆车刀的对刀操作。

⑦ 工件自动加工。选择"AUTO（自动加工）"工作模式，按下循环启动键，程序自动运行。加工过程中适当调整各个倍率开关，保证加工正常进行。

⑧ 工件尺寸检测。程序执行完毕后，进行工件尺寸检测，检测合格后方可拆下工件。

3.2.2 成型零件加工

【例3-2】 完成如图3-16所示的阶梯轴的车削加工。毛坯为ϕ32mm×80mm棒料，材料为硬铝2A12。

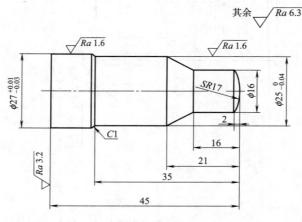

图3-16 零件图

（1）加工工艺制定

① 任务分析 零件材料为硬铝2A12，切削性能较好，加工部位为由直线、圆弧组成的回转面。考虑到零件表面粗糙度要求及尺寸公差要求，加工时先粗车再精车，才能达到加工精度要求。

② 工具、量具、刀具选择 工具、量具、刀具的具体选择见表3-4。

表3-4 工具、量具、刀具的选择

种类	序号	名称	规格	精度	数量
工具	1	三爪自定心卡盘	QH135		1
	2	刀架扳手、卡盘扳手			1
	3	铜片			1
量具	1	百分表及表座	0~10mm	0.01mm	1
	2	外径千分尺	0~25mm	0.01mm	1
	3	游标卡尺	0~150mm	0.02mm	1
	4	游标万能角度尺	0~320°	2′	1
	5	表面粗糙度样板			1
刀具	1	硬质合金刀	YT15		1

（2）加工工艺方案

具体加工工艺见表3-5。

表3-5 数控加工工序卡

工步号	工步内容	刀具号	切削用量		
			主轴转速/ (r/min)	进给速度/ (mm/r)	背吃刀量 /mm
1	车右端面	T01	600	0.2	1~2
2	粗加工外轮廓,留0.2mm精车余量	T01	600	0.2	1~2
3	精加工外轮廓至尺寸	T01	1000	0.1	0.1

（3）程序编制

① 工件坐标系的建立　此任务工件坐标系的原点选在工件右端面的中心，遵循基准重合的原则。

② 基点坐标计算　编程时各个基点如图3-17所示，基点坐标见表3-6。

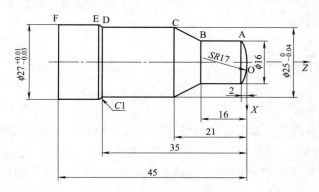

图3-17　轮廓基点

表3-6 基点坐标

基点	坐标	基点	坐标
O	(0,0)	D	(24.98,-35)
A	(16,-2)	E	(26.99,-36)
B	(16,-16)	F	(26.99,-45)
C	(24.98,-21)		

③ 参考程序

O0032；

N10 M03 S600；　　　　　　　　　主轴正转，转速600r/min

N20 M08；　　　　　　　　　　　　开切削液

N30 T0101；　　　　　　　　　　　换1号刀，调用01号偏置建立工件坐标系

N40 G00 X33. Z0；　　　　　　　　刀具快速定位至端面切削起点

N50 G01 X0 F0.2；　　　　　　　　车端面

N60 G00 X30. Z3.；　　　　　　　　刀具快速定位至粗车循环起点

N70 G71 U1. R1.；　　　　　　　　粗车复合循环

N80 G71 P90 Q20 U0.2 W0.1 F0.2；

N90 G42 G00 X0；　　　　　　　　精加工开始，建立刀尖半径右补偿

N100 G01 Z0；

N110 G03 X16. Z-2. R17.；

N120 G01 Z-16.;

N130 X24.98 Z-21.;

N140 G01 Z-35.;

N150 X26.99 Z-36.;

N160 Z-45.;　　　　　　　　　　　精加工结束

N170 X30.;　　　　　　　　　　　*X*方向退刀

N180 G50 S3000;　　　　　　　　限制主轴最高转速

N190 G96 S150;　　　　　　　　　恒切削速度控制

N200 G70 P90 Q170 F0.1;　　　　精车循环

N210 G40 G00 X100.;　　　　　　*X*方向快速退刀，取消刀尖半径补偿

N220 Z100.;　　　　　　　　　　*Z*方向快速退刀

N230 M05；

N240 M30；

（4）加工操作

① 检查毛坯尺寸。

② 开机、回参考点。

③ 程序输入及校验。把编写好的数控程序输入数控系统，并进行程序校验，确保程序无任何语法和逻辑错误。

④ 工件装夹。加工时以外圆定位，用三爪自动定心卡盘夹紧铝棒，铝棒伸出卡盘约60mm，找正并装夹。

⑤ 刀具装夹。将外圆车刀装在电动刀架的1号刀位上。

⑥ 对刀操作。按前面讲述方法用试切法完成外圆车刀的对刀操作。

⑦ 工件自动加工。选择"AUTO（自动加工）"工作模式，按下循环启动键，程序自动运行。加工过程中适当调整各个倍率开关，保证加工正常进行。

⑧ 工件尺寸检测。程序执行完毕后，进行工件尺寸检测，检测合格后方可拆下工件。

3.2.3　切槽加工

【例3-3】 完成如图3-18所示零件的切槽及钻孔加工，工件直径为ϕ35mm，材料为硬铝2A12，工件外圆面已加工完毕，不考虑切断。

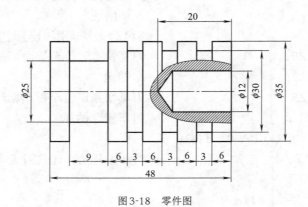

图3-18　零件图

(1) 加工工艺制定

① **任务分析** 零件材料为硬铝 2A12，切削性能较好。加工部位为 $\phi25mm$ 的宽槽、$\phi30mm$ 的窄槽、$\phi12mm$ 的深孔，加工部位无特殊的精度要求，均为未注公差。

② **工具、量具、刀具选择** 工具、量具、刀具的选择见表3-7。

表3-7 工具、量具、刀具的选择

种类	序号	名称	规格	精度	数量
工具	1	三爪自定心卡盘	QH135		1
	2	刀架扳手、卡盘扳手			1
	3	铜片			1
量具	1	百分表及表座	0~10mm	0.01mm	1
	2	外径千分尺	0~25mm	0.01mm	1
	3	游标卡尺	0~150mm	0.02mm	1
刀具	1	钻头	高速钢、$\phi12mm$		1
	2	切槽刀	切削刃宽度3mm		

③ **装夹方案** 采用三爪自定心卡盘夹紧工件，工件伸出卡盘约60mm。

④ **加工方法**

a. 用1号 $\phi12mm$ 钻头钻削20mm深的内孔，使用钻孔复合循环功能。

b. 用2号切槽刀车削3mm宽槽，使用子程序调用指令完成槽切削，保证槽底面平整。

c. 用2号切槽刀车削9mm宽槽，使用切槽复合循环功能。

⑤ **切削用量选择** 钻孔时，进给速度 $f=0.1mm/r$，主轴转速 $n=350r/min$；车槽时，进给速度 $f=0.05mm/r$，主轴转速 $n=300r/min$。

⑥ **加工工艺方案** 具体加工工艺见表3-8。

表3-8 数控加工工序卡

工步号	工步内容	刀具号	切削用量		
			主轴转速/(r/min)	进给速度/(mm/r)	背吃刀量/mm
1	钻孔	T01	350	0.1	6
2	车削3mm宽槽	T02	300	0.05	3
3	车削9mm宽槽	T02	300	0.05	1.5

(2) 程序编制

① **工件坐标系的建立** 此任务工件坐标系的原点选在工件右端面的中心，遵循基准重合的原则。

② **参考程序**

O0033;	主程序
N10 M03 S350;	
N20 T0101;	
N30 G00 X0 Z5.;	刀具定位至钻孔循环起点
N40 G74 R0.3;	钻孔循环
N50 G74 Z−20. Q12000 F0.1;	
N60 G00 Z100.;	快速返回换刀点

N70 T0202;

N80 G00 X37. Z0;

N90 M98 P030001;　　　　　　　　调用子程序三次，完成3个窄槽的加工

N100 G00 Z−36. S300;　　　　　　刀具定位至切槽循环起点

N110 G75 R0.3;　　　　　　　　　切槽循环

N120 G75 X25. Z−42. P1500 Q1500 F0.05;

N130 G00 X100.;

N140 Z100.;

N150 M05;

N170 M09;

N170 M30;

O0001;　　　　　　　　　　　　　子程序

N10 G00 W−9.;

N20 G01 U−7. F0.1;

N30 G04 X2.;

N40 G00 U7.;

N50 M99;

（3）加工操作

① 检查毛坯尺寸。

② 开机、回参考点。

③ 程序输入及校验。把编写好的数控程序输入数控系统，并进行程序校验，确保程序无任何语法和逻辑错误。

④ 工件装夹。加工时以外圆定位，用三爪自动定心卡盘夹紧铝棒，铝棒伸出卡盘约60mm，找正并装夹。

⑤ 刀具装夹。将钻头和切槽刀分别装在电动刀架的1、2号刀位上。

⑥ 对刀操作。按前面讲述方法用试切法完成外圆车刀的对刀操作。

⑦ 工件自动加工。选择"AUTO（自动加工）"工作模式，按下循环启动键，程序自动运行。加工过程中适当调整各个倍率开关，保证加工正常进行。

⑧ 工件尺寸检测。程序执行完毕后，进行工件尺寸检测，检测合格后方可拆下工件。

3.2.4 螺纹加工

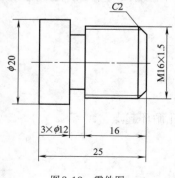

图3-19　零件图

【例3-4】 完成如图3-19所示零件的加工，毛坯为 ϕ22mm×100mm的铝棒，材料为硬铝2A12。

（1）加工工艺制定

① 任务分析　零件材料为硬铝2A12，切削性能较好。加工部位为 ϕ20mm外圆柱、3mm× ϕ12mm退刀槽、M16×1.5的外螺纹。右端面为多个尺寸的设计基准，加工时，应先将右端面车出来。

② 工具、量具、刀具选择　工具、量具的具体选择见表3-9，刀具的选择见表3-10。

表3-9 工具、量具的选择

种类	序号	名称	规格	精度	数量
工具	1	三爪自定心卡盘	QH135		1
	2	刀架扳手、卡盘扳手			1
	3	铜片			1
量具	1	百分表及表座	0~10mm	0.01mm	1
	2	外径千分尺	0~25mm	0.01mm	1
	3	游标卡尺	0~150mm	0.02mm	1
	4	螺纹环规			

表3-10 刀具的选择

序号	刀具号	刀具规格名称	数量	加工面
1	T01	45°高速钢车刀	1	车端面、外圆柱面
2	T02	3mm宽切槽刀	1	车3mm×ϕ12mm退刀槽、切断
3	T03	60°外螺纹车刀	1	车M16螺纹

③ 装夹方案 采用三爪自定心卡盘夹紧工件，棒料伸出卡盘外约50mm。

④ 加工顺序 加工顺序按由粗到精、由近到远的原则确定，一次装夹尽可能加工出所有加工表面。

加工顺序为：车端面→粗、精车外圆ϕ16mm、ϕ20mm→切3mm×ϕ12mm退刀槽→车削螺纹M16×1.5→切断。

⑤ 加工工艺方案 具体加工工艺见表3-11。

表3-11 数控加工工序卡

工步号	工步内容	刀具号	切削用量		
			主轴转速/ （r/min）	进给速度/ （mm/r）	背吃刀量 /mm
1	三爪夹持ϕ22mm左端				
2	车端面	T01	600	0.2	
3	轮廓粗加工	T01	600	0.2	1
4	轮廓精加工	T01	1000	0.1	0.1
5	车3mm×ϕ12mm退刀槽	T02	300	0.05	3
6	车M16螺纹	T03	300	1.5	0.8、0.6、0.4、0.16
7	切断	T02	300	0.05	3

（2）程序编制

① 工件坐标系的建立 考虑编程方便，工件坐标系的原点选在工件右端面的中心。

② 参考程序

O0034；

N10 T0101 M03 S600 M08；

N20 G00 X25.；　　　　　　　　　快速定位至端面车削起点

N30 Z0；

N40 G01 X−1. F0.2；　　　　　　　车端面

N50 G00 Z2.；　　　　　　　　　　快速定位至外径粗车循环起点

N60 X24.；

N70　G90　X20.2　Z-28. F0.2;　　　　　　　粗车循环

N80　X18.2　Z-19.;

N90　X16.2;

N100　S1000;　　　　　　　　　　　　　　精车主轴转速

N110　G00　X8.;　　　　　　　　　　　　　精车开始

N120　G01　X16. Z-2. F0.1

N130　Z-19.;

N140　X20.;

N150　Z-28.;　　　　　　　　　　　　　　精车结束

N160　G00　X22.;　　　　　　　　　　　　*X*向退刀

N170　X100. Z100.;　　　　　　　　　　　快速回换刀点

N180　T0202;　　　　　　　　　　　　　　换2号刀

N190　Z-19. S300;　　　　　　　　　　　快速定位至切槽起点

N200　G01　X12.;　　　　　　　　　　　　切退刀槽

N210　G04　P2000;　　　　　　　　　　　槽底暂停2s

N220　G00　X25.;　　　　　　　　　　　　*X*向退刀

N230　X100. Z100.;　　　　　　　　　　　快速回换刀点

N240　T0303;　　　　　　　　　　　　　　换3号刀

N250　G00　X18. Z2. S300;　　　　　　　刀具快速定位到螺纹循环起点

N260　G92　X15.2　Z-18. F1.5;　　　　　第一次螺纹车削

N270　X14.6;　　　　　　　　　　　　　　第二次螺纹车削

N280　X14.2;　　　　　　　　　　　　　　第三次螺纹车削

N290　X14.04;　　　　　　　　　　　　　第四次螺纹车削

N300　G00　X25.;　　　　　　　　　　　　*X*向退刀

N310　X100. Z100.;　　　　　　　　　　　快速回换刀点

N320　T0202;　　　　　　　　　　　　　　换2号刀

N330　G00　X22. S300.;　　　　　　　　快速定位至切断位置

N340　Z-28.;

N350　G01　X-1. F0.05;　　　　　　　　　切断

N360　G00　X25.;　　　　　　　　　　　　*X*向退刀

N370　X100. Z100.;　　　　　　　　　　　快速回换刀点

N380　M09;

N390　M05;

N400　M30;

（3）加工操作

① 检查毛坯尺寸。

② 开机、回参考点。

③ 程序输入及校验。把编写好的数控程序输入数控系统，并进行程序校验，确保程序无任何语法和逻辑错误。

④ 工件装夹。加工时以外圆定位，用三爪自动定心卡盘夹紧铝棒，铝棒伸出卡盘

约50mm，找正并装夹。

⑤ 刀具装夹。将外圆刀、切槽刀、螺纹刀分别装在电动刀架的1、2、3号刀位上。

⑥ 对刀操作。按前面讲述方法用试切法完成外圆车刀的对刀操作。

⑦ 工件自动加工。选择"AUTO（自动加工）"工作模式，按下循环启动键，程序自动运行。加工过程中适当调整各个倍率开关，保证加工正常进行。

⑧ 工件尺寸检测。程序执行完毕后，进行工件尺寸检测，检测合格后方可拆下工件。

3.2.5　套类零件加工

【例3-5】　完成如图3-20所示零件的加工，毛坯为 ϕ80mm×32mm的铝棒，材料为硬铝2A12。

（1）加工工艺制定

① 任务分析　零件材料为硬铝2A12，切削性能较好。加工部位为 ϕ74mm、ϕ78mm外圆柱面，ϕ48mm、ϕ50mm内孔，3mm×ϕ54mm内孔槽。从零件图上可以看出设计基准在右端面，为保证加工时工件能可靠定位，可将右端面、ϕ79mm外圆、ϕ48mm孔先加工出来。

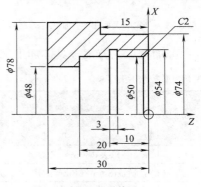

图3-20　零件图

② 工具、量具、刀具选择　由于表面尺寸和表面质量无特殊要求，轮廓尺寸用游标卡尺或千分尺测量，深度尺寸用深度游标卡尺测量。

工具、量具的具体选择见表3-12，刀具的选择见表3-13。

表3-12　工具、量具的选择

种类	序号	名称	规格	精度	数量
工具	1	三爪自定心卡盘	QH135		1
	2	刀架扳手、卡盘扳手			1
	3	铜片			1
量具	1	百分表及表座	0～10mm	0.01mm	1
	2	外径千分尺	0～25mm	0.01mm	1
	3	游标卡尺	0～150mm	0.02mm	1
	4	螺纹环规			1

表3-13　刀具的选择

序号	刀具号	刀具规格名称	数量	加工面
1		ϕ45mm钻头	1	钻孔
2	T01	外圆车刀	1	端面、ϕ74mm和 ϕ78mm外圆柱面
3	T02	内孔镗刀	1	ϕ48mm、ϕ50mm孔，2mm×45°的倒角
4	T03	3mm内切槽刀	1	3mm×ϕ54mm的内槽
5	T04	4mm宽切槽刀	1	切断

③ 装夹方案　加工时以外圆定位，用三爪自定心卡盘夹紧 ϕ80mm外圆。

④ 加工路线　加工顺序按由粗到精、由内到外的原则确定，一次装夹尽可能加工出所有加工表面，外轮廓表面和内孔加工走刀路线如图3-21所示。

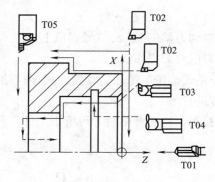

图 3-21　外轮廓表面和内孔加工走刀路线

钻孔时钻头起点确定：X方向在工件中心，Z方向靠近工件右端面。钻孔长度＝孔深+0.5D，D为钻头直径。

镗孔时退刀方向的确定：先向工件中心X方向退刀，再向Z正方向退刀。

加工的工步顺序为：钻ϕ48mm×30mm内孔（留单边精镗余量2mm）→粗车右端面及外轮廓面（X方向留单边精车余量0.3mm、Z方向留精车余量0.3mm）→粗、精镗ϕ50mm×20mm、ϕ48mm×10mm内孔及倒角→车3mm×ϕ54mm内孔槽→精车端面及外轮廓面→切断

⑤ 加工工艺方案　具体加工工艺见表3-14。

表3-14　数控加工工序卡

工步号	工步内容	刀具号	切削用量		
			主轴转速/ (r/min)	进给速度/ (mm/r)	背吃刀量/ mm
1	三爪夹ϕ80mm左端				
2	钻ϕ48mm×30mm内孔				
3	粗车右端面及外轮廓面	T01	600	0.2	1.5
4	粗镗内孔	T02	600	0.2	1.2
5	精镗内孔及倒角	T02	800	0.1	0.3
6	车3×ϕ54mm内孔槽	T03	300	0.05	3
7	精车端面及外轮廓面	T01	1000	0.1	0.3
8	切断	T04	300	0.05	3

（2）程序编制

① 工件坐标系的建立　考虑编程方便，工件坐标系的原点选在工件右端面的中心。

② 参考程序

O0035;	
T0101;	换1号刀，调1号偏置建立工件坐标系
M03 S600;	
G00 X82.;	快速定位至端面切削起点
Z0.3;	Z方向留精车余量0.3mm
G01 X–1. F0.2;	粗车右端面
Z2.;	
G00 X82.;	快速定位至粗车循环起点
G90 X78.6 Z–33. F0.2;	粗车外轮廓面，X方向留单边精车余量0.3mm
X75.6 Z–15.;	
X74.6;	
G00 X100. Z100.;	快速返回换刀点
T0202;	换2号刀，调2号偏置建立工件坐标系
G00 X47.4 S600;	快速定位至粗镗起点，X方向留单边精镗余量0.3mm

Z1.0;

G01 Z-30. F0.2 ;   粗镗内孔

G00 X0;

Z1.0;

X56.;

S800;   精镗主轴转速

G01 X50. Z-2. F0.1;   精镗内孔及倒角

G01 Z-20.0 ;

X48.;

Z-30.;

G00 X0;   X方向退刀

Z3.0;   Z方向退刀

X100. Z100.;   快速返回换刀点

T0303;   换3号刀，调3号偏置建立工件坐标系

G00 X48.0 S300;   快速定位至切槽起点

Z3.0 ;

Z-10.0;   快速定位至切槽位置

G01 X54.0 F0.05;   切3mm×ϕ54mm内孔槽

G04 P2000;

G00 X0;   X向退刀

Z3.0;   Z向退刀

X100. Z100.;   快速返回换刀点

T0101;   换1号刀，调1号偏置建立工件坐标系

G00 X82.0 S1000;   快速定位至端面精车起点

Z0;

G01 X-1. F0.1;   精车端面

G00 Z2.0;   快速定位至外轮廓面精车起点

X74.;

G01 Z-15.;   精车外轮廓面

X78.0;

Z-30.0;

G00 X80.0;   X方向退刀

X100. Z100.;   快速返回换刀点

T0404;   换4号刀，调4号偏置建立工件坐标系

G00 X82.0 S300;   快速定位至切断位置

Z-33.;

G01 X47.0 F0.05;   切断

G00 X100. Z100.;   快速返回换刀点

M05;

M30;

（3）加工操作

① 检查毛坯尺寸。

② 开机、回参考点。

③ 程序输入及校验。把编写好的数控程序输入数控系统，并进行程序校验，确保程序无任何语法和逻辑错误。

④ 工件装夹。加工时以外圆定位，用三爪自动定心卡盘夹紧铝棒，铝棒伸出卡盘约60mm，找正并装夹。

⑤ 刀具装夹。钻头直接安装在尾座上进行钻孔，将外圆车刀、镗孔刀、内切槽刀、切断刀分别装在电动刀架的1、2、3、4号刀位上。

⑥ 对刀操作。按前面讲述方法用试切法完成外圆车刀的对刀操作。

⑦ 工件自动加工。选择"AUTO（自动加工）"工作模式，按下循环启动键，程序自动运行。加工过程中适当调整各个倍率开关，保证加工正常进行。

⑧ 工件尺寸检测。程序执行完毕后，进行工件尺寸检测，检测合格后，方可拆下工件。

3.3 数控车床综合加工实训

3.3.1 轴类零件综合加工

【例3-6】 用数控车床完成图3-22所示工件的加工，工件材料为45钢，毛坯尺寸为 ϕ48mm×100mm，未注尺寸公差按IT12加工和检验。

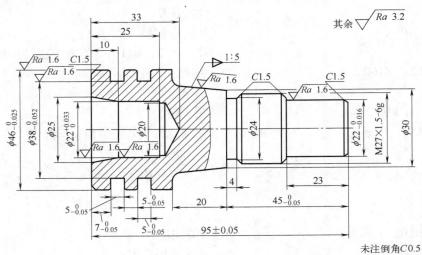

图3-22 零件图

3.3.1.1 加工工艺设计

（1）零件图的加工内容和加工要求分析

分析图样可见，该轴类零件含有外圆、内孔、端面、槽、螺纹等结构，具有较高的加工要求。现要对该零件加工工艺进行设计，并编写数控车削工序卡等资料。该零件的主要加工内容和加工要求如下：

① 圆柱面 $\phi46_{-0.025}^{0}$mm，表面粗糙度 Ra1.6μm；圆柱面 $\phi22_{-0.016}^{0}$mm，表面粗糙度 Ra1.6μm。

② 圆孔面 $\phi22_{0}^{+0.033}$mm，表面粗糙度 Ra1.6μm。

③ 两端面总长保证95mm±0.05mm。

④ 槽两处，定位尺寸 $7_{-0.05}^{0}$mm，$5_{-0.05}^{0}$mm；定形尺寸 $\phi38_{-0.052}^{0}$mm、$5_{-0.05}^{0}$mm。

⑤ 退刀槽4mm×ϕ24mm，定位尺寸 $45_{-0.05}^{0}$mm。

⑥ 锥面，锥度1∶5，Ra1.6μm。

⑦ 螺纹 M27×1.5-6g。

⑧ 倒角 C1.5共4处。

（2）加工方案

工件有内、外结构加工的要求。根据加工结构的分布特点，左端内结构与右端的螺纹、锥面结构不能够在同一次装夹完成加工，因而有必要把工件的加工大致分为左右两次装夹加工。

左端加工方法：选用 ϕ3mm的中心钻钻削中心孔；钻 ϕ20mm孔；进行 ϕ46mm柱面的粗、精加工；车5mm×ϕ38mm两槽；镗削内孔（钻削中心孔、钻 ϕ20mm孔可用手动加工的方法）。

右端加工方法：手动车削右端面保证总长为95mm；手动钻中心孔；进行右端外形的粗、精加工；车4mm×ϕ24mm槽；车 M27×1.5外螺纹（车削右端面、钻中心孔可用手动加工）。

加工工艺过程设计如下：

① 粗、精加工工件左端外形。

② 车5mm×ϕ38mm两槽。

③ 用G71粗加工工件左端内形，用G70精加工工件左端内形。

④ 调头校正，手工车端面，保证总长为95mm，钻中心孔，顶上顶尖。

⑤ 用G71粗加工工件右端外形，用G70精加工工件右端外形。

⑥ 车4mm×ϕ24mm槽。

⑦ 用G76螺纹复合循环加工 M27×1.5外螺纹。

（3）刀具及切削用量选择

根据加工内容和加工要求选用刀具，如表3-15所示。加工零件材料为45钢，刀具材料选用YT15。

表3-15 刀具选择

序号	刀具号	刀具规格名称	加工表面	备注
1	T01	93°外圆粗车刀	粗车外轮廓面	
2	T02	93°外圆精车刀	精车外轮廓面	
3	T03	93°内孔粗车刀	粗车内轮廓面	
4	T04	93°内孔精车刀	精车内轮廓面	
5	T05	外切槽刀	切削外轮廓槽	刃宽4mm,左刀尖为刀位点
6	T06	外螺纹刀	切削外螺纹	刀尖角60°

表3-16 数控加工工序卡

零件号			程序编号		使用机床		夹具		加工材料
零件装夹	工步	工步内容	刀具	主轴转速/(r/min)	进给速度/(mm/r)	背吃刀量/mm	备注		
夹持右端加工左端	1	粗车外轮廓	T01	600	0.2	0.75			
	2	精车外轮廓至要求	T02	1000	0.1	0.25			
	3	车削外轮廓槽至要求	T05	300	0.05	4			
	4	粗车内轮廓	T03	600	0.15	1			
	5	精车内轮廓至要求	T04	1000	0.08	0.15			
夹持左端加工右端	1	粗车右端外轮廓	T01	600	0.2	1.5			
	2	精车右端外轮廓至要求	T02	1000	0.1	0.15			
	3	车削4mm×φ24mm槽	T05	300	0.05	4			
	4	车削螺纹	T06	300	1.5	0.4、0.3、0.2、0.08			

切削用量的选择应根据切削用量的选择原则，结合被加工内容要求、刀具材料和工件材料等实际情况，参考切削用量选用经验手册选取。本例具体切削用量的选择见表3-16。

（4）夹具选用

夹持右端加工左端：选用三爪自定心卡盘进行装夹。工件坐标的零点选在左端面的中心。

夹持左端加工右端：应先手动加工右端面保证总长95mm、手动钻中心孔，然后采用一夹一顶的装夹方案，注意调整卡盘夹持工件的长度。夹持长度不宜过长，顶上顶尖，再进行外圆、槽、螺纹的自动控制加工。

（5）填写加工工序卡

结合上述工艺设计，填写加工工序卡如表3-16所示。

3.3.1.2 编写加工程序

（1）工件左端加工程序

如图3-23所示为左端加工结构及坐标系。如图3-24所示为左端内结构加工示意图。槽加工子程序及加工路线如图3-25所示。

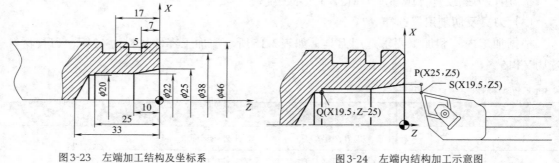

图3-23 左端加工结构及坐标系　　　　　　　图3-24 左端内结构加工示意图

O0036;　　　　　　　　　　　　　　主程序名

M03 S600 T0101;　　　　　　　　　　主轴正转；换T01刀，粗加工左端外形

G00 X50. Z2.;　　　　　　　　　　　快速定位至循环起点

G90 X46.5 Z−35. F0.2;　　　　　　　粗加工左端外形，留0.5mm余量

G00 X100. Z100.;　　　　　　　　　　快速返回换刀点

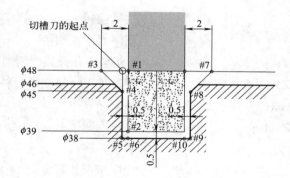

图3-25 槽加工子程序及加工路线

M05;	主轴停转
M00;	程序暂停，测量
M03 S1000 T0202;	换T02刀，精加工左端外形
G00 X52. Z2.;	接近工件
G00 X40.;	快速定位至倒角起点
G01 X46. Z–1.5 F0.1;	倒角
Z–35.;	精车φ46mm外径
G00 X100. Z100.;	快速返回换刀点
M05;	主轴停转
M00;	程序暂停，测量
M03 S300 T0505;	换T05刀，车5mm×φ38mm两槽
G00 X50. Z–12.;	快速定位到右侧槽起点
M98 P1112;	调用槽加工子程序
G00 X50. Z–22.;	快速定位到左侧槽起点
M98 P1112;	调用槽加工子程序
G00 X100. Z100.;	快速返回换刀点
M05;	主轴停转
M00;	程序暂停，测量
M03 S600 T0303;	换T03内孔镗刀，粗加工左端内形
G00 X19.5 Z5.;	快进至内径粗车循环起点
G71 U1. R0.5;	内径粗车循环
G71 P10 Q20 U–0.3 W0.1 F0.15;	
N10 G01 X25.;	精加工开始
Z0;	
X22.016 Z–10.;	
Z–25.;	
N20 X20.;	精加工结束
G00 X100. Z100. ;	快速返回换刀点

M05;	主轴停转
M00;	程序暂停，测量
M03 S1000 T0404;	换T04内孔镗刀，精加工左端内形
G00 G41 X19.5 Z5.;	快速进刀，建立半径补偿
G70 P10 Q20 F0.08;	精车循环
G40 G00 X100. Z100.;	快速返回换刀点，取消刀尖半径补偿
M05;	主轴停转
M30;	程序结束并复位
O1112;	
W0.5;	左刀尖到#1
G01 X39. F0.05;	到#2
G00 X48.;	到#1
W−2.;	到#3
G01 W1.5 X45.;	到#4
X38.;	到#5
W0.5;	到#6
G00 X48.;	到#1
W2.;	右刀尖到#7
G01 X45. W−1.5;	到#8
G01 X38.;	到#9
W−0.5;	到#10
G00 X48.;	快速退刀
M99;	

（2）工件右端加工程序

如图3-26所示为右端外圆加工示意图。

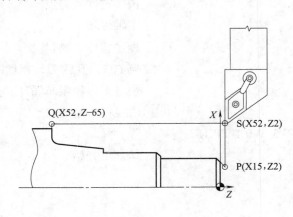

图3-26 右端外圆加工示意图

O0001;	程序号

T0101;	换1号刀，粗加工右端外形
M03 S600;	主轴正转，转速600r/min
G00 X52. Z2.;	快进至外径粗车循环起点S
G71 U1.5 R1.;	外径粗车循环
G71 P30 Q40 U0.3 W0.1 F0.2;	
N30 G00 X15.;	快进至精加工轮廓起点P
G01 X22. Z−1.5;	
Z−23.;	
X23.85;	
X26.85 Z−23.5;	
Z−45.;	
X30.;	
X33.28 Z−61.398;	
G02 X41.24 Z−65. R3.;	
N40 G01 X52.;	切削至精加工轮廓终点Q
G00 X100. Z100.;	快速返回换刀点
M05;	主轴停转
M00;	程序暂停，测量
M03 S1000 T0202;	换2号刀，精加工右端外形
G00 G42 X52. Z2.;	快速进刀，建立刀尖半径补偿
G70 P30 Q40 F0.1;	精车固定循环，进给速度降低
G40 G00 X100. Z100.;	快速返回换刀点，取消刀尖半径补偿
M05;	主轴停转
M00;	程序暂停，测量
T0505	换5号刀，车4mm×ϕ24mm槽
M03 S300;	主轴正转，转速300r/min
G00 Z−45.;	
X32.;	快进至车槽起点
G01 X23. F0.05;	车槽
X30.;	退刀
W3.;	右刀尖到达倒角延长线
G01 X23. Z−45.;	倒角
G00 X100. Z100.;	快速返回换刀点
M05;	主轴停转
M00;	程序暂停，测量
M03 S300 T0606;	换6号刀，车削M27×1.5外螺纹
G00 X29. Z−20.;	快进至外螺纹复合循环起点
G76 P010160 Q80 R100;	螺纹复合循环
G76 X24.14 Z−42. R0 P974 Q400 F1.5;	

G00 X100. Z100.;	快速返回换刀点
M05;	主轴停转
M30;	程序结束并复位

3.3.1.3 零件加工操作

（1）加工准备

① 开机前检查，启动数控机床，回参考点操作。

② 装夹工件，露出加工的部位，确保定位精度和装夹刚度。

③ 根据工序卡准备刀具，安装车刀，确保刀尖高度正确和刀具装夹刚度。

④ 按照前面所述方法进行对刀和测量，填写刀偏置或零点偏置，并认真检查补偿数据的正确性。

⑤ 输入程序并校验程序。

（2）零件加工

① 执行每一个程序前检查其所用的刀具，检查切削参数是否合适，开始加工时应把进给速度调到最小，密切观察加工状态，有异常现象及时停机检查。在操作过程中必须集中注意力，谨慎操作，运行前关闭防护门。在运行过程中一旦发生问题，及时按下复位按钮或紧急停止按钮。

② 在加工过程中不断优化加工参数以达到最佳加工效果。粗加工后检查工件是否有松动，检查工件位置、形状尺寸。

③ 精加工后检查工件位置、形状尺寸，调整加工参数，直到工件与图纸及工艺要求相符。

④ 拆下工件，把刀架停放在远离工件的换刀位置，及时清洁机床。

3.3.2 套类零件综合加工

【例3-7】 如图3-27所示为典型套类零件，该零件材料为45钢，毛坯为 $\phi72mm \times 108mm$ 棒料。对该零件进行数控车削工艺分析，并编写数控车削工序卡、刀具卡，编制其加工程序。

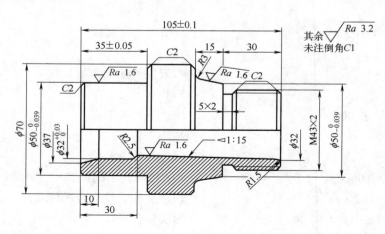

图3-27 零件图

3.3.2.1 加工工艺设计

（1）零件图的加工内容和加工要求分析

分析图样可见，该零件的主要加工内容和加工要求为：该零件表面由内外圆柱面、圆锥面、圆弧面及外螺纹等加工结构组成；零件图尺寸标注完整，轮廓描述清楚完整，图中多个直径尺寸与轴向尺寸有较高的尺寸精度和表面粗糙度要求；零件材料为45钢，加工切削性能较好。

（2）加工方案

工件有内、外结构的加工要求，左右端面为Z向尺寸的设计基准。

进行相应工序前，应先将左右端面加工出来。左端内、外结构与右端的内、外结构的加工不能够在同一次装夹中完成，如镗1∶15锥孔与镗 ϕ32mm孔及锥面时需掉头装夹，因而工件的加工需要两次装夹。

在用数控机床加工工件前，可预先对毛坯手动加工，完成 ϕ70mm外圆加工，有利于提高数控车削时的工件定位精度。

① 左端加工　加工方案：夹持右端，使工件伸出40mm，对工件左端进行加工。加工方法：手动车削端面；选用 ϕ5mm中心钻手动钻削中心孔；手动钻 ϕ25mm的孔；进行 ϕ50mm柱面的粗、精加工；镗削内孔。

② 右端加工　加工方案：夹持左端 ϕ50mm柱面，对右端进行加工。加工方法：手动车削右端面，保证总长105mm；进行右端外形的粗、精加工；车5mm×2mm槽；车M43×2外螺纹；镗1∶15锥孔。

（3）零件的定位基准和装夹方式

夹持右端加工左端：用三爪自定心卡盘进行装夹。工件坐标的零点选在端面的中心。

夹持左端 ϕ50mm柱面加工右端：用三爪自定心卡盘进行装夹。工件坐标的零点选在端面的中心。

（4）刀具选择

将所选定的刀具及规格填入表3-17所示的数控加工刀具卡中，便于编程和操作管理。

表3-17　数控加工刀具卡

序号	刀具号	刀具类型	加工表面	备注
1	T01	93°外圆粗车刀	粗车外轮廓面	
2	T02	93°外圆精车刀	精车外轮廓面	
3	T03	93°内孔粗车刀	粗车内轮廓面	
4	T04	93°内孔精车刀	精车内轮廓面	
5	T05	外切槽刀	切削外轮廓槽	刃宽3mm，以左刀尖为刀位点
6	T06	外螺纹刀	切削外螺纹	刀尖角60°
7	T07	中心孔钻	钻中心孔	ϕ5mm
8	T08	钻底孔钻头	钻底孔	ϕ25mm

（5）切削用量选择

根据被加工表面质量要求、刀具材料、工件材料、工艺系统刚性等因素，参考切削用量手册或有关资料选取切削用量，填入表3-18所示的工序卡中。

表 3-18　数控加工工序卡

零件号		程序编号	使用机床	夹具		加工材料
01			数控车床	三爪卡盘		45钢
零件装夹	工步	工步内容	刀具	主轴转速/ (r/min)	进给量/ (mm/r)	背吃刀量 /mm	备注
夹持右端 加工左端	1	车端面	T01	600			手动
	2	钻φ5mm的中心孔	T07	1500			手动
	3	钻φ25mm的孔	T08	400			手动
	4	粗车左端外轮廓	T01	600	0.2	2	
	5	精车左端外轮廓	T02	1000	0.1	0.15	
	6	粗车左端内轮廓	T03	600	0.15	1.5	
	7	精车左端内轮廓	T04	1000	0.08	0.15	
夹持左端 加工右端	1	车端面	T01	600			手动、保证零件总长
	2	粗车右端外轮廓	T01	600	0.2	2	
	3	精车右端外轮廓	T02	1000	0.1	0.15	
	4	粗车右端内轮廓	T03	600	0.15	1.5	
	5	精车右端内轮廓	T04	1000	0.08	0.15	
	6	车削5mm×2mm外槽	T05	300	0.05		
	7	车削螺纹	T06	300	2	0.45、0.3、0.3、 0.2、0.05	

（6）填写加工工艺卡

将前面分析的各项内容综合成表3-5所示的数控加工工序卡。

3.3.2.2　编写加工程序

（1）工件左端加工程序

如图3-28所示为左端外轮廓加工路线。如图3-29所示为左端内轮廓加工路线。

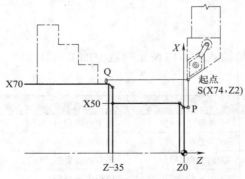

图3-28　左端外轮廓加工路线

O0037；	左端加工主程序名
M03 S600 T0101；	主轴正转，换T01刀，粗加工左端外形
G00 X74. Z2. ；	快进至外径粗车循环起刀点S
G71 U2. R1.；	外径粗车循环
G71 P10 Q20 U0.3 W0.1 F0.2；	
N10 G00 X46.；	快进至精加工轮廓起点P
G01 Z0；	

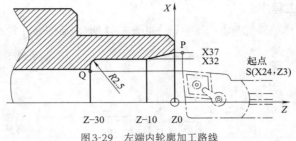

图3-29　左端内轮廓加工路线

X50. Z–2.;

Z–35.;

X66.;

U6. W–3.;

N20 G01 X73. ;　　　　　　　　　　切削至精加工轮廓终点Q

G00 X100. Z100.;　　　　　　　　　快速返回换刀点

M05;　　　　　　　　　　　　　　　主轴停转

M00;　　　　　　　　　　　　　　　程序暂停，测量

M03 S1000 T0202;　　　　　　　　　换T02刀，精加工左端外形

G00 X74. Z2. ;　　　　　　　　　　快进至循环起点

G70 P10 Q20 F0.1;　　　　　　　　　外径精车循环

G00 X100. Z100.;　　　　　　　　　快速返回换刀点

M05;　　　　　　　　　　　　　　　主轴停转

M00;　　　　　　　　　　　　　　　程序暂停，测量

M03 S600 T0303;　　　　　　　　　　换T03内孔车刀，粗加工左端内形

G00 X23. Z3.;　　　　　　　　　　　快进至内径粗车循环起点

G71 U1.5 R0.5;　　　　　　　　　　外径粗车循环

G71 P30 Q40 U–0.3 W0.1 F0.15;　　U（X方向精加工余量）必须为负值

N30 G00 X37.;　　　　　　　　　　　左端内轮廓精加工开始

G01 Z0;

X32. Z–10.;

Z–27.5;

G03 X27. Z–30. R2.5;

N40 G01 X23.;　　　　　　　　　　　左端内轮廓精加工结束

G00 X100. Z100. ;　　　　　　　　　快速返回换刀点

M05;　　　　　　　　　　　　　　　主轴停转

M00;　　　　　　　　　　　　　　　程序暂停，测量

M03 S1000 T0404;　　　　　　　　　换4号内孔车刀，精加工左端内形

G00 G41 X23. Z3. ;　　　　　　　　快速进刀，建立刀尖半径补偿

G70 P30 Q40 F0.08;　　　　　　　　内径精车循环

G40 G00 X100. Z100. ;　　　　　　　快速返回换刀点，取消刀尖半径补偿

M05;　　　　　　　　　　　　　　　主轴停转

M30;　　　　　　　　　　　　　　　程序结束并复位

（2）工件右端加工程序

如图3-30所示为右端外轮廓加工路线。如图3-31所示为右端外轮廓加工路线。

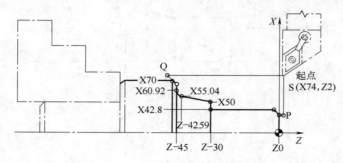

图3-30　右端外轮廓加工路线

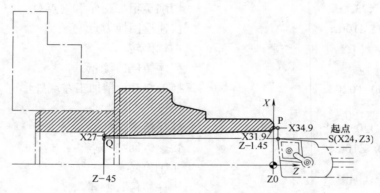

图3-31　右端内轮廓加工路线

O0001;	右端加工程序号
M03 S600 T0101;	换T01刀，粗加工右端外形
G00 X73. Z2. ;	快进至外径粗车循环起点S
G71 U2 R1.;	外径粗车循环
G71 P50 Q60 U0.5 W0.1 F0.2;	
N50 G00 X38.8;	快进至粗加工轮廓起点P
G01 Z0;	
G01 X42.8 Z−2.;	
Z−30.;	
X50.;	
X55.04 Z−42.59;	
G03 X60.92 Z−45.;	
G01 Z−45.;	
X66.;	
N60 G01 U8. W−3.;	切削至粗加工轮廓终点Q
G00 X100. Z100.;	快速返回换刀点
M05;	主轴停转

M00；	程序暂停
M03 S1000 T0202；	换T02刀，精加工右端外形
G00 G42 X73. Z2. ；	快速进刀，建立刀尖半径补偿
G70 P50 Q60 F0.1；	外径精车循环
G40 G00 X100. Z100. ；	快速返回换刀点，取消刀尖半径补偿
M05；	主轴停转
M00；	程序暂停，测量
M03 S600 T0303；	换T03内孔车刀，粗加工右端内形
G00 X23. Z3.；	快进至内径粗车循环起点
G71 U1.5 R0.5；	内径粗车循环
G71 P70 Q80 U-0.3 W0.1 F0.15；	
N70 G01 X33.9；	内径精加工开始
Z0；	
G02 X31.9 Z-1.45 R1.5；	
G01 X27. Z-45.；	
N80 X23.；	内径精加工结束
G00 X100. Z100.；	快速返回换刀点
M05；	主轴停转
M00；	程序暂停，测量
M03 S1000 T0404；	换T04内孔车刀，精加工右端内形
G00 G41 X23. Z3.；	快进至内径精车循环起点，建立刀尖半径补偿
G70 P70 Q80 F0.08；	内径精车循环
G40 G00 X100. Z100.；	快速返回换刀点，取消刀尖半径补偿
M05；	主轴停转
M00；	程序暂停，测量
T0505 S300 M03；	换T05刀，车4×ϕ24mm槽
G00 Z-28.；	
X55.；	快进至车槽起点
G75 R0.5；	车槽复合循环
G75 X38.8 Z-30. P800 Q1000 R200 F0.05；	
G00 W2.；	
X42.8；	右刀尖到达倒角起点
G01 U-3. W-2.；	倒角
G00 X100. Z100.；	快速返回换刀点
M05；	主轴停转
M00；	程序暂停，测量
T0606 S300 M03；	换T06刀，车削M27×1.5外螺纹
G00 X45. Z10.；	快进至外螺纹复合循环起点

G76 P010160 Q80 R100;	螺纹复合循环
G76 X40.4 Z-27. P1300 Q400 F2;	
G00 X100. Z100.;	快速返回
M05;	主轴停转
M30;	程序结束并复位

3.3.2.3 零件加工操作

（1）加工准备

① 开机前检查，启动数控机床，回参考点操作。

② 装夹工件，露出加工的部位，确保定位精度和装夹刚度。

③ 根据工序卡准备刀具，安装车刀，确保刀尖高度正确和刀具装夹刚度。

④ 按照前面所述方法进行对刀和测量，填写刀偏置或零点偏置，并认真检查补偿数据的正确性。

⑤ 输入程序并校验程序。

（2）零件加工

① 执行每一个程序前检查其所用的刀具，检查切削参数是否合适，开始加工时应把进给速度调到最小，密切观察加工状态，有异常现象及时停机检查。在操作过程中必须集中注意力，谨慎操作，运行前关闭防护门。在运行过程中一旦发生问题，及时按下复位按钮或紧急停止按钮。

② 在加工过程中不断优化加工参数以达到最佳加工效果。粗加工后检查工件是否有松动，检查工件位置、形状尺寸。

③ 精加工后检查工件位置、形状尺寸，调整加工参数，直到工件与图纸及工艺要求相符。

④ 拆下工件，把刀架停放在远离工件的换刀位置，及时清洁机床。

思考与训练

3-1 请简要说明华中系统数控车床的对刀步骤及刀具偏置的设置方法。

3-2 用单一固定循环功能编程（根据零件特征，选择合适的编程指令），完成图3-32、图3-33所示零件车削加工。毛坯尺寸分别为 ϕ27mm×80mm、ϕ52mm×100mm，所用刀具均为T01（93°外圆车刀）。

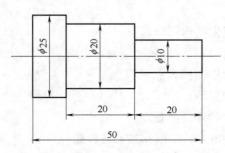

图3-32 单一循环加工训练1

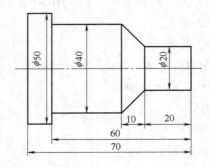

图3-33 单一循环加工训练2

3-3 用多重复合固定循环功能编程（根据零件特征，选择合适的编程指令），完成图 3-34、图3-35所示零件车削加工。毛坯尺寸分别为 $\phi35mm\times90mm$、$\phi40mm\times100mm$，所用刀具均为T01（93°外圆车刀，其中加工图3-35所示零件的车刀副偏角要大，以避免干涉）。

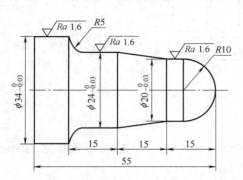

图3-34 复合循环加工训练1

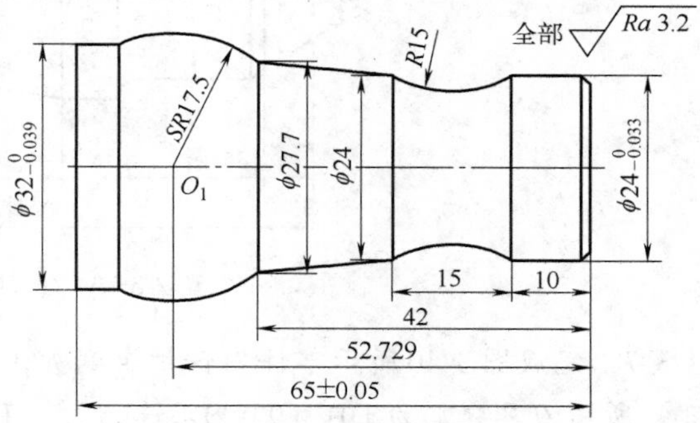

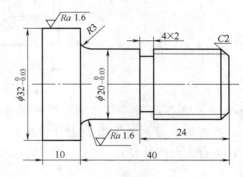

图3-35 复合循环加工训练2

3-4 用多重复合固定循环功能编程（根据零件特征，选择合适的编程指令），完成图3-36所示零件内轮廓车削加工。加工前钻出直径为 $\phi23mm$ 的孔，加工所用刀具为T01（93°内孔车刀）。

3-5 完成图3-37、图3-38所示零件车削加工。毛坯尺寸为 $\phi35mm\times100mm$。所用刀具分别为T01（93°外圆车刀）、T02（4mm宽切槽切断刀）、T03（60°螺纹刀）。

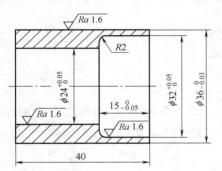

图3-36 复合循环加工训练3

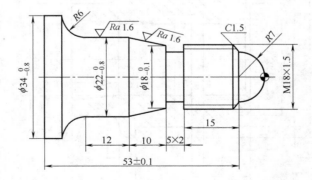

图3-37 综合加工训练1

图3-38 综合加工训练2

3-6 完成图3-39所示零件车加工（需调头加工）。毛坯尺寸为 $\phi40mm\times102mm$。所用刀具分别为T01（93°外圆车刀）、T02（4mm宽切槽切断刀）、T03（60°螺纹刀）。

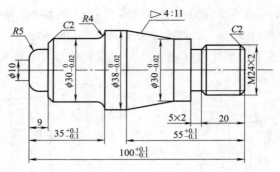

图3-39　综合加工训练3

3-7　完成图3-40所示零件内轮廓车削加工（需调头加工）。加工前钻出直径为$\phi28mm$的孔。所用刀具分别为T01（93°内孔车刀）、T02（60°内螺纹刀）。

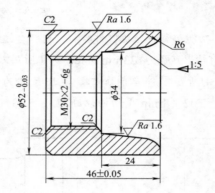

图3-40　综合加工训练4

3-8　完成图3-41所示零件内、外轮廓车削加工（需调头加工）。毛坯尺寸为$\phi72mm×$78mm。所用刀具分别为T01（93°外圆车刀）、T02（93°内孔车刀）、T03（4mm宽内切槽刀）、T04（60°内螺纹刀）、T05（4mm宽切断刀）。

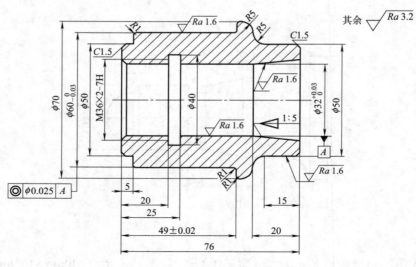

图3-41　综合加工训练5

3-9　完成图3-42所示配合件车削加工。毛坯尺寸分别为 ϕ50mm×110mm、ϕ50mm×57mm。所用刀具分别为 T01（93°外圆车刀）、T02（93°内孔镗刀）、T03（4mm宽切槽切断刀）、T04（60°螺纹刀）、T05（60°内螺纹刀）。

3-10　完成图3-43所示零件车削加工（注意椭圆部分编程要用宏程序），毛坯尺寸为 ϕ50mm×105mm。选择合适的刀具及切削参数。

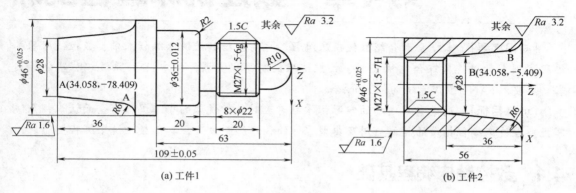

(a) 工件1　　　　　　　　　　(b) 工件2

图3-42　配合件加工训练

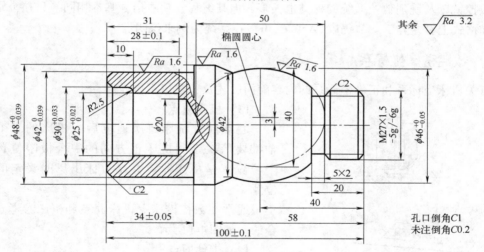

图3-43　宏程序加工训练

第4章 数控铣床编程实训

【知识提要】 本章全面介绍数控铣床编程。主要包括数控铣床编程基础、数控铣床基本编程实训、数控铣床综合编程实训、数控铣床提高编程实训、华中HNC系统编程实训等内容。主要以FANUC 0i系统为例来介绍。

【训练目标】 通过本章内容的学习，学习者应对数控铣床的手工编程有全面认识，系统掌握数控铣床编程指令的具体应用及典型零件的程序编制方法，具备数控铣床编程技能。

4.1 数控铣床编程基础

数控铣床及铣削数控系统的种类也很多，但其编程、功能指令基本相同，只在个别编程指令和格式上有差异。本节仍以FANUC 0i数控系统为例来说明。

4.1.1 数控铣床坐标系

有关机床坐标系和工件坐标系的内容前面已述及，这里不再详述。

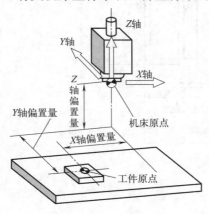

图4-1 数控铣床的坐标系

（1）机床原点

通常数控铣床每次通电后，机床的三个坐标轴都要依次走到机床正方向的一个极限位置，这个位置就是机床原点，是机床出厂时设定的固定位置。

通常在数控铣床上机床原点和机床参考点是重合的，如图4-1所示。

（2）工件原点

数控铣床的工件原点一般设在工件外轮廓的某一个角上或工件对称中心处，进刀深度方向上的零点大多取在工件表面。利用数控铣床、加工中心进行工件加工时，其工件原点与机床原点之间的关系如图4-1所示。

4.1.2 数控铣床基本功能指令

（1）F、S指令

① F指令—进给功能 F指令用于指定切削的进给速度。和数控车床不同，数控铣床一般只用每分钟进给。

② S指令—主轴功能 S指令用于指定主轴转速，单位为r/min。S后的数值直接表示主轴的转速。例如，要求主轴转速为1000r/min，则执行指令S1000。

（2）辅助功能指令—M功能

辅助功能指令用于指定主轴的旋转、启停、切削液的开关、工件或刀具的夹紧或松开、刀具更换等功能，从M00～M99，共100种。FANUC 0i系统常用的M功能代码见表4-1。

表4-1 常用的M功能代码

代码	是否模态	功能说明	代码	是否模态	功能说明
M00	非模态	程序停止	M03	模态	主轴正转启动
M01	非模态	选择停止	M04	模态	主轴反转启动
M02	非模态	程序结束	M05	模态	主轴停止转动
M30	非模态	程序结束并返回	M06	非模态	加工中心换刀
M98	非模态	调用子程序	M08	模态	切削液打开
M99	非模态	子程序结束	M09	模态	切削液停止

（3）准备功能指令—G功能

准备功能指令是使数控机床建立起某种加工方式的指令，从G00～G99，共100种。FANUC 0i系统常用的G功能代码见表4-2。

表4-2 常用的G功能代码

G代码	组别	解释	G代码	组别	解释
*G00	01	定位、快速移动	G58	14	工件坐标系5选择
G01		直线切削	G59		工件坐标系6选择
G02		顺时针切圆弧	G73	09	高速深孔钻削循环
G03		逆时针切圆弧	G74		左螺旋切削循环
G04	00	暂停	G76		精镗孔循环
*G17	02	XY面赋值	*G80		取消固定循环
G18		XZ面赋值	G81		中心钻循环
G19		YZ面赋值	G82		带停顿钻孔循环
G28	00	机床返回参考点	G83		深孔钻削循环
G30		机床返回第2和第3原点	G84		右螺旋切削循环
*G40	07	取消刀具直径偏置	G85		镗孔循环
G41		刀具直径左偏置	G86		镗孔循环
G42		刀具直径右偏置	G87		反向镗孔循环
G43	08	刀具长度+方向偏置	G88		镗孔循环
G44		刀具长度-方向偏置	G89		镗孔循环
*G49		取消刀具长度偏置	*G90	03	使用绝对坐标命令
G53	14	机床坐标系选择	G91		使用增量坐标命令
*G54		工件坐标系1选择	G92	00	设置工件坐标系
G55		工件坐标系2选择	*G98	10	固定循环返回起始点
G56		工件坐标系3选择	G99		固定循环返回R点
G57		工件坐标系4选择	—	—	—

注：带*的指令为系统电源接通时的初始值。

4.1.3 数控铣床基本编程指令

（1）绝对坐标和增量坐标指定指令

指令格式：G90/G91 X__ Y__ Z__；

指令说明：G90为绝对坐标指定，它表示程序段中的尺寸字为绝对坐标值，即以编程原点为基准计量的坐标值。G91为增量坐标指定，它表示程序段中的尺寸字为增量坐标值，即刀具运动的终点相对于起点坐标值的增量。G90为系统默认值，可省略不写。前面学习的数控车床是直接用地址符来区分：X、Y、Z——绝对坐标，U、V、W——相对坐标。

如图4-2所示，假设刀具在O点，先快速定位到A点，再以100mm/min的速度直线插补到B点，用G90指定绝对坐标方式和用G91指定增量坐标方式编程时，运动点的坐标是有差异的。

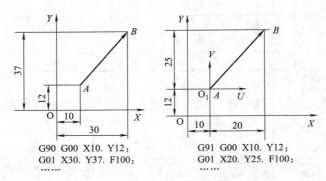

G90 G00 X10. Y12.
G01 X30. Y37. F100;
……

G91 G00 X10. Y12.
G01 X20. Y25. F100;
……

图4-2　绝对坐标和增量坐标编程

（2）平面选择指令G17、G18、19

指令格式：G17/G18/G19；

指令说明：G17为选择XY平面；G18为选择XZ平面；G19为选择YZ平面，如图4-3所示。系统开机时处于G17状态。

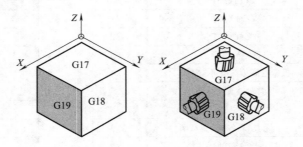

图4-3　坐标平面选择和加工示意图

（3）刀具移动指令

① 快速定位指令G00

指令格式：G00 X＿ Y＿ Z＿；

指令说明：

a. G00指令使刀具从所在点以系统设定的最高速度移动到目标点。

b. 当用绝对坐标指令时，X、Y、Z为目标点在工件坐标系中的坐标；当用增量坐标指令时，X、Y、Z为目标点相对于起点的坐标增量。

c. 不运动的坐标可以不写。

d. 当刀具按指令远离工作台时，先Z轴运动，再X、Y轴运动。当刀具按指令接近工作台时，先X、Y轴运动，再Z轴运动。如图4-4所示，刀具由当前点快速移动到目标点P，程序如下：

G00 X45. Y30. Z6.;

💡**注意**：在刀具快速接近工件时，不能以G00速度直接切入工件，一般应离工件有5～10mm的安全距离，如图4-5所示，刀具在Z方向快速下刀时，应留有5mm的安全距离。

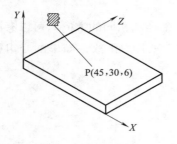
图4-4 G00指令编程举例

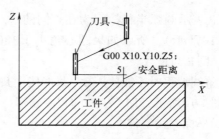
图4-5 G00指令的安全距离设置

② 直线插补功能指令G01

指令格式：G01 X__ Y__ Z__ F__;

指令说明：

a. G01指令使刀具从所在点以直线移动到目标点。

b. 当用绝对坐标指令时，X、Y、Z为目标点在工件坐标系中的坐标；当用增量坐标指令时，X、Y、Z为目标点相对于起点的增量坐标；F为刀具进给速度。

c. 不运动的坐标可以不写。

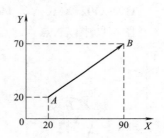
图4-6 G01指令编程举例

例如图4-6所示，刀具由起点A直线运动到目标点B，进给速度0.2mm/r。程序如下：

G90 G01 X90. Y70. F0.2；或G91 G01 X70. Y50. F0.2；

③ 圆弧插补功能指令G02、G03

a. 平面圆弧插补 G02指令表示在指定平面顺时针插补；G03指令表示在指定平面逆时针插补。不同平面圆弧插补方向如图4-7所示。不同平面圆弧插补如图4-8所示。

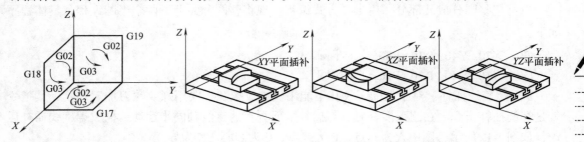

图4-7 不同平面圆弧插补方向　　　　　图4-8 不同平面圆弧插补示意图

指令格式：G90/G91 G17 G02/G03 X__ Y__ R__ （或I__ J__）F__;

　　　　　G90/G91 G18 G02/G03 X__ Z__ R__ （或I__ K__）F__;

　　　　　G90/G91 G19 G02/G03 Y__ Z__ R__ （或J__ K__）F__;

指令说明：

a）X、Y、Z为圆弧终点坐标值。G90时X、Y、Z是圆弧终点的绝对坐标值；G91时X、Y、Z是圆弧终点相对于圆弧起点的增量坐标值。

b）I、J、K表示圆心相对于圆弧起点的增量值，如图4-9所示；F规定了沿圆弧切向的进给速度。

c）G17、G18、G19为圆弧插补平面选择指令，用来确定被加工表面所在平面，G17可以省略。

d）R表示圆弧半径，因为在相同的起点、终点、半径和相同的方向时可以有两种圆弧（如图4-10所示），所以如果圆心角小于180°（劣弧），则R为正数；如果圆心角大于180°（优弧），则R为负数。

e）整圆编程时不能使用R，只能使用I、J、K。

如图4-10所示，加工劣弧的程序如下：

绝对坐标方式编程：

G90 G02 X40. Y-30. I40. J-30. F0.2；或G90 G02 X40. Y-30. R50. F0.2；

增量坐标方式编程：

G91 G02 X80. Y0. I40. J-30. F0.2；或G91 G02 X80. Y0 R50. F0.2；

图4-11中以A点为起点和终点的整圆加工程序段如下：

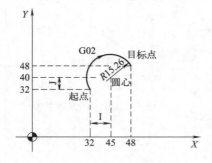

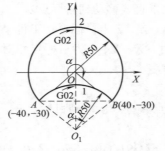

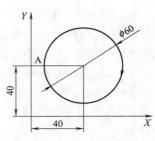

图4-9 I、J、K的设置　　　　图4-10 R编程时的优弧和劣弧　　　　图4-11 整圆加工编程

G02 I30.0 J0；

或简写成：G03 I30.0；

也可把整圆分成几部分，用半径方式编程。现将整圆分为上下两个半圆编程，具体程序如下：

G02 X70. Y40. R30. F80； 上半圆

G02 X10. Y40. R30. F80； 下半圆

b. 螺旋线插补　对于大的螺纹孔不能用丝锥攻螺纹，要用螺纹镗刀加工螺纹，其指令就是螺旋插补指令。在圆弧插补时，与插补平面垂直的直线轴同步运动，构成螺旋线插补运动，如图4-12所示，图中A为起点，B为终点，C为圆心，K为导程。

指令格式：G17 G02（G03） X__ Y__ Z__ I__ J__ K__ F__；

　　　　　或G17 G02（G03） X__ Y__ Z__ R__ K__ F__；

指令说明：G02、G03分别表示顺时针、逆时针螺旋线插补；X、Y、Z是螺旋线的终点坐标值；I、J是圆心在XY平面上相对螺旋线起点在X、Y方向上的坐标增量；R是圆心在XY平面上的圆的半径值；K是螺旋线的导程，为正值。

可依次写出XZ（G18）和YZ（G19）平面上的螺旋线插补指令。

螺旋线插补编程举例：如图4-13所示，加工图4-13（a）所示右旋螺纹，参考程序如下：

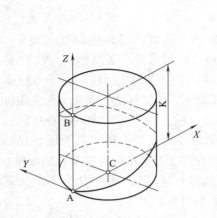

图4-12 螺旋线插补

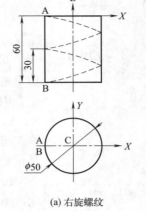

(a) 右旋螺纹

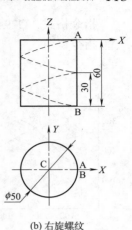

(b) 右旋螺纹

图4-13 螺旋线插补实例

G90 G17 G02 X–25. Y0 Z–60. I25. J0 K30. F100;

或 G90 G17 G02 X–25. Y0 Z–60. R25. K30. F100;

加工图4-13（b）所示左旋螺纹，参考程序如下：

G90 G17 G03 X25. Y0 Z–60. I–25. J0 K30. F100;

或 G90 G17 G03 X25. Y0 Z–60. R25. K30. F100;

（4）参考点返回指令

① 参考点返回检查指令G27

指令格式：G27 X__ Y__ Z__;

指令说明：

a. G27指令可以检验刀具是否能够定位到参考点上。指令中X、Y、Z分别代表参考点在工件坐标系中的坐标值，执行该指令后，如果刀具可以定位到参考点上，则相应轴的参考点指示灯就点亮。

b. 若不要求每次执行程序时都执行返回参考点的操作，应在该指令前加上"/"（程序跳转），以便在不需要校验时，跳过该程序段。

c. 若希望执行该程序段后让程序停止，应在该程序段后加上M00或M01指令，否则程序将不停止而继续执行后面的程序段。

d. 在刀具补偿方式中使用该指令，刀具到达的位置将是加上了补偿量的位置，此时刀具将不能到达参考点，因而相应轴参考点的指示灯不亮，因此执行该指令前，应先取消刀具补偿。

② 自动返回参考点指令G28

指令格式：G28 X__ Y__ Z__;

指令说明：

a. G28指令可使刀具以点位方式经中间点快速返回到参考点，中间点的位置由该指令后面的X、Y、Z坐标值所决定，其坐标值可以用绝对坐标值也可以用增量坐标值，但这要取决于是G90方式还是G91方式。设置中间点是为了防止刀具返回参考点时与工件或夹具发生干涉。

b. 通常G28指令用于自动换刀，原则上应在执行该指令前取消各种刀具补偿。

c. 在G28程序段中不仅记忆移动指令坐标值，而且记忆了中间点的坐标值。也就是说，对于在使用了G28的程序段中没有被指定的轴，以前G28中的坐标值就作为那个轴的中间点坐标值。

③ 从参考点返回指令G29

指令格式：G29 X__ Y__ Z__;
指令说明：

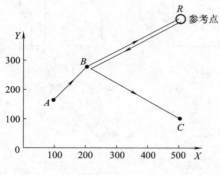

图4-14　G28和G29编程实例

a. G29指令可以使刀具从参考点出发，经过一个中间点到达由这个指令后面的X、Y、Z坐标值所指定的位置。中间点的坐标由前面的G28指令所规定，因此G29指令应与G28指令成对使用，指令中X、Y、Z是目标点的坐标，由G90/G91状态决定是绝对坐标值还是增量坐标值。若为增量坐标值，则是指到达点相对于G28中间点的增量坐标值。

b. 在选择G28之后，G29指令不是必需的，使用G00定位有时可能更为方便。

如图4-14所示，加工后刀具已定位到A点，取B点为中间点，点C为执行G29指令时应到达的目标点，则程序如下：

G28　X200. Y280.;
T02　M06;　在参考点完成换刀
G29　X500. Y100.;

（5）延时功能指令G04

指令格式：G04 X__; 或G04 P__;
指令说明：

① G04指令可使刀具做短暂的无进给光整加工，一般用于镗孔、锪孔等场合。

② X或P为暂停时间，其中X后面可用带小数点的数，单位为s，如"G04 X2.0;"表示在前一程序执行完后，要经过2s以后，后一程序段才执行；P后面不允许用小数点，单位为ms，如"G04 P1000;"表示暂停1000ms，即1s。

（6）工件坐标系建立指令

① 坐标系设定指令G92

指令格式：G92 X__ Y__ Z__;

指令说明：X、Y、Z为刀具当前点在工件坐标系中的坐标；G92指令是将工件原点设定在相对于刀具起点的某一空间点上。也可以理解为通过指定刀具起点在工件坐标系中的位置来确定工件原点。执行G92指令时，机床不动作，即X、Y、Z轴均不移动。

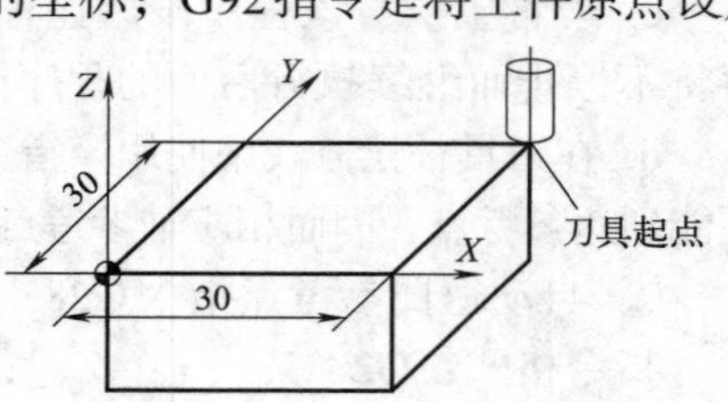

如图4-15所示，建立工件坐标系的程序为：

G92　X30. Y30. Z0;

② 工件坐标系调用指令G54~G59

图4-15　G92指令建立坐标系

指令格式：G54/G55/G56/G57/G58/G59;

指令说明：这组指令可以调用六个工件坐标系，其中G54坐标系是机床一开机并返回参考点后就有效的坐标系。这六个坐标系是通过指定每个坐标系的零点在机床坐标系中的位置而设定的，即通过MDI/CRT输入每个工件坐标系零点的偏置值（相对于机床原点）。如图4-16所示，图中有六个完全相同的轮廓，如果将它们分别置于G54~G59指定的六个坐标系中，则它们的加工程序将完全一样，加工时只需调用不同的坐标系（即零点偏置）即可实现。

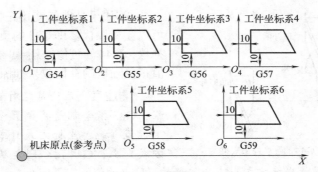

图 4-16　G54～G59 工件坐标系调用

💡**注意**：G54～G59 工件坐标系指令与 G92 坐标系设定指令的差别是：G92 指令需后续坐标值指定刀具起点在当前工件坐标系中的坐标值，用单独一个程序段指定；在使用 G92 指令前，必须保证刀具回到程序中指定的加工起点（也即对刀点）。G54～G59 建立工件坐标系时，可单独使用，也可与其他指令同段使用；使用该指令前，先用手动数据输入（MDI）方式输入该坐标系的坐标原点在机床坐标系中的坐标值。

4.1.4　刀具长度补偿功能

（1）刀具长度补偿目的

使用刀具长度补偿功能，在编程时就不必考虑刀具的实际长度了。当由于刀具磨损、更换刀具等原因引起刀具长度尺寸变化时，只需修正刀具长度补偿量，而不必调整程序或刀具。

（2）刀具长度补偿指令 G43、G44、G49

指令格式：G43（G44）G00（G01）Z＿ H＿；

……

G49　G00（G01）Z＿；

指令说明：

① 刀具长度补偿指令一般用于刀具轴向（Z 向）的补偿，它使刀具在 Z 方向上的实际位移量比程序给定值增加或减少一个偏置量。G43 为刀具长度正向补偿；G44 为刀具长度负向补偿；Z 为目标点坐标；H 为刀具长度补偿代号（H00～H99），补偿量存入由 H 代码指定的存储器中。若输入指令"G90　G00　G43　Z100. H01；"，并于 H01 中存入"－20"，则执行该指令时，将用 Z 坐标值"100"与 H01 中所存"－20"进行"＋"运算，即"100＋（－20）＝80"，并将所求结果作为 Z 轴移动的目标值。取消刀具长度补偿用 G49 或 H00。

② 当刀具在长度方向的尺寸发生变化时，可以在不改变程序的情况下，通过改变偏置量，加工出所要求的零件尺寸。应用刀具长度补偿后的实际动作效果如图 4-17 所示。

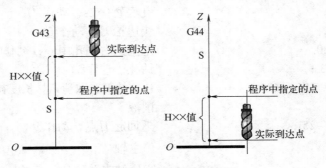

图 4-17　刀具长度补偿执行效果

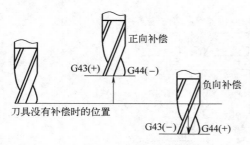

图4-18 G43、G44的互换补偿效果

③ 如果补偿值使用正负号，则G43和G44可以互相取代。即G43的负值补偿=G44的正值补偿，G44的负值补偿=G43的正值补偿。补偿值正负互换的补偿效果如图4-18所示。

💡**注意**：无论是绝对坐标还是增量坐标编程，G43指令都是将偏置量（H中的值）加到坐标值（绝对坐标方式）或位移值（增量坐标方式）上，G44指令则是从坐标值（绝对坐标方式）或位移值（增量坐标方式）减去偏移量（H中的值）。

【**例4-1**】 如图4-19所示，图中A为程序起点，加工路线为①→②→…→⑨。刀具为 ϕ10mm的钻头，实际起始位置为B点，与编程的起点偏离了3mm（相当于刀具长了3mm），用G43指令进行补偿，按增量坐标编程，偏置量3mm存入H01中。

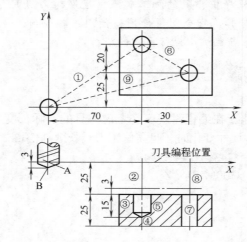

图4-19 G43编程实例

O0041;	程序名
N10 G91 G00 X70. Y45.;	增量移动到左侧孔中心，动作①，不需要建立工件坐标系
N11 M03 S600;	主轴正转，转速600r/min
N12 G43 Z–22. H01;	Z向快速接近工件，建立刀具长度正向补偿，动作②
N13 G01 Z–18. F60 M08;	钻孔，开切削液，动作③
N14 G04 X2.;	孔底暂停2s，动作④
N15 G00 Z18.;	快速抬刀，动作⑤
N16 X30. Y–20.;	定位到右侧孔中心，动作⑥
N17 G01 Z–33.;	钻孔，动作⑦
N18 G00 G49 Z55. M09;	快速抬刀，取消刀具长度补偿，动作⑧，关切削液
N19 X–100. Y–25.;	返回起刀点，动作⑨
N20 M05;	停主轴
N21 M30;	程序结束并复位

4.1.5 刀具半径补偿功能

(1) 刀具半径补偿目的

当加工曲线轮廓时，对于有刀具半径补偿功能的数控系统，可不必求刀具中心的运动轨迹，只按被加工工件轮廓曲线编程，同时在程序中给出刀具半径补偿指令，就可加工出具有轮廓曲线的零件，使编程工作大大简化。

(2) 刀具半径补偿的概念

数控机床在加工过程中，它所控制的是刀具中心轨迹，而为了方便（避免计算刀具中心轨迹），用户可按零件图样上的轮廓尺寸编程，同时指定刀具半径和刀具中心偏离编程轮廓的方向。而在实际加工时，数控系统会控制刀具中心自动偏移零件轮廓一个半径值，如图4-20所示，这种偏移称为刀具半径补偿。

ISO标准规定，当刀具中心在编程轨迹前进方向的左侧时，称为左刀具补偿（左刀补）。反之，当刀具中心处于轮廓前进方向的右侧时称为右刀具补偿（右刀补）。如图4-21所示。

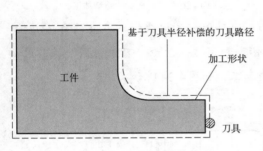

图4-20 刀具半径补偿

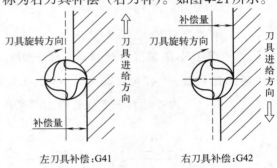

图4-21 刀具半径补偿的判别

(3) 刀具半径补偿指令 G41、G42、G40

指令格式：G17 G41/G42 G00/G01 X__ Y__ D__;

　　　　　G18 G41/G42 G00/G01 X__ Z__ D__;

　　　　　G19 G41/G42 G00/G01 Y__ Z__ D__;

　　　　　……

　　　　　G40 G00/G01 X__Y__;

指令说明：

① 系统在G17、G18、G19所选择的平面中以刀具半径补偿的方式进行加工，其中G17为系统默认值，可省略不写，一般的刀具半径补偿都是在 XY 平面上进行。

② G41指定左刀补，G42指定右刀补，G40取消刀具半径补偿功能。它们都是模态代码，可以互相注销。

③ 刀具必须有相应的刀具补偿号D代号（D00~D99）才有效，D代号是模态代码，指定后一直有效。

④ 改变刀补号或刀补方向时必须撤销原刀补，否则会因重复刀补而出错。

⑤ 只有在线性插补时（G00、G01）才可以用G41、G42建立刀具半径补偿和使用G40取消刀具半径补偿。

⑥ 切削轮廓过程中，不能加刀补和撤销刀补，否则会造成轮廓的过切或少切，如图 4-22 所示。

⑦ 通过刀具半径补偿值的灵活设置，可以实现同一轮廓的粗、精加工。如图 4-23 所示，铣刀半径为 r，单边精加工余量为 Δ，若将刀补值设为 $r+\Delta$，则为粗加工，而将刀补值设为 r，则为精加工。

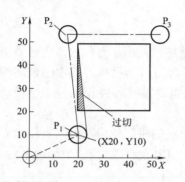

图 4-22　刀具半径不当造成的过切

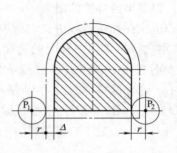

图 4-23　同一轮廓的粗精加工

💡**注意：** 如果偏置量使用正负号，则 G41 和 G42 可以互相取代。即 G41 的负值补偿＝G42 的正值补偿，G42 的负值补偿＝G41 的正值补偿。利用这一结论，可以对同一编程轮廓采用左刀补（或右刀补）正负值补偿，实现凸凹模加工，如图 4-24 所示。

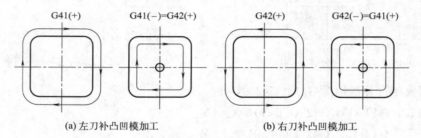

图 4-24　应用正负值补偿实现凸凹模加工

✒**【例 4-2】** 刀具半径补偿编程。如图 4-25 所示，切削深度为 10mm，Z 向零点在工件上表面，刀补号为 D01。

O0042；	程序名
N11　G90 G17；	初始化
N12　G54 G00 X0 Y0 Z100.；	调用 G54 坐标系，刀具快速定位到编程原点上方 100mm 处
N13　M03 S800；	主轴正转，转速 800r/min
N14　G41 G00 X20. Y10. D01；	快速定位到（X20，Y10），建立刀具半径左补偿
N15　G01 Z−10. F50 M08；	下刀
N16　G01 Y50. F100；	直线插补，切向切入
N17　X50.；	
N18　Y20.；	

N19 X10.;	切向切出
N20 G00 Z10.;	快速抬刀
N21 G40 X0 Y0;	XY面快速返回编程原点，取消刀具半径补偿
N22 M05;	主轴停
N23 M30;	程序结束并复位

【例 4-3】 刀具半径补偿和长度补偿同时编程。如图 4-26 所示，刀具比理想值长 5mm，半径为 6mm，长度补偿号为 H01，半径补偿号为 D01。

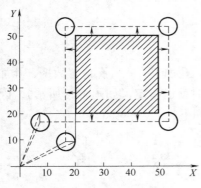

图 4-25　刀具半径补偿实例

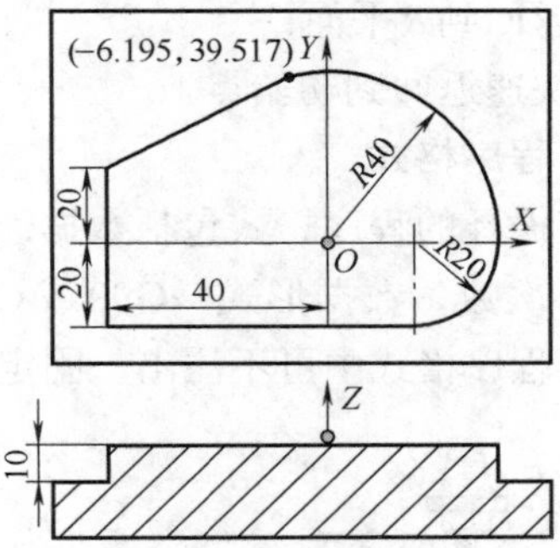

图 4-26　刀具半径和长度补偿实例

O0043;	程序名
N01 G54 G00 X0 Y0 Z100.;	调用 G54 坐标系，刀具快速定位到编程原点上方 100mm 处
N02 M03 S800;	主轴正转，转速 800r/min
N03 G90 G43 G00 Z5. H01;	快速定位工件到 Z5，建立刀具长度正向补偿（H01=5）
N04 G42 G00 X−60. Y−20. D01;	快速定位到（X−60，Y−20），建立刀具半径左补偿（D01=6）
N05 G01 Z−10. F60;	下刀
N06 X20.;	切向切入
N07 G03 X40. Y0 I0 J20.;	
N08 X−6.195 Y39.517 R40.;	
N09 G01 X−40. Y20.;	
N10 Y−20.;	切向切出
N11 G49 G00 Z100.;	快速抬刀，取消刀具长度补偿
N12 G40 X0 Y0;	XY面快速返回编程原点，取消刀具半径补偿
N13 M05;	停主轴
N14 M30;	程序结束并复位

4.1.6　孔加工固定循环

（1）概述

数控加工中，某些加工动作循环已经典型化。例如，钻孔、镗孔的动作是孔位平面定位、快速引进、工作进给、快速退回等，这样一系列典型的加工动作已经预先编好程序，存储在内存中，可用包含G代码的一个程序段调用，从而简化编程工作。这种包含了典型动作循环的G代码称为循环指令。

通常固定循环由六个动作组成（如图4-27所示）：

① 在*XY*平面上定位；

② 快速运行到*R*点；

③ 孔加工操作；

④ 暂停；

⑤ 返回到*R*平面；

⑥ 快速返回到初始点

（2）程序格式

固定循环的程序格式包括数据形式、返回点位置、孔加工方式、孔位置数据、孔加工数据和循环次数，数据形式（G90或G91）在程序开始时就已指定（如图4-28所示），因此在固定循环程序格式中可不注出。固定循环的程序格式如下：

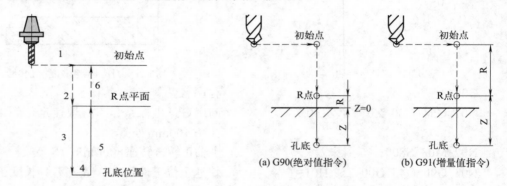

图4-27　固定循环的组成

(a) G90(绝对值指令)　(b) G91(增量值指令)

图4-28　G90、G91规定的Z、R

G90(G91) G98(G99)（G73～G89）X__ Y__ Z__ R__ Q__ P__ F__ K__;

说明：G98和G99决定加工结束后的返回位置，G98为返回初始平面，G99为返回R平面，如图4-29所示；X、Y为孔位数据，指被加工孔的位置；Z为孔底平面相对于R平面的*Z*向增量坐标值（G91时）或孔底坐标（G90时）；R为R平面相对于初始点平面的*Z*向增量坐标

(a) G98(返回初始平面)　(b) G99(返回R点平面)

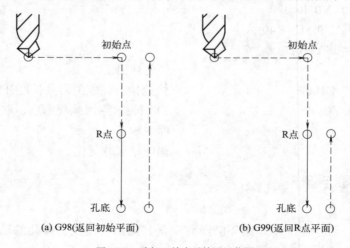

图4-29　孔加工结束后的返回位置

值（G91时）或R点的坐标值（G90时）；Q在G73和G83中为每次切削的深度，在G76和G87中为偏置值，始终是增量坐标值，用正值表示；P指定刀具在孔底的暂停时间，用整数表示，单位为ms；F为切削进给速度；K为重复加工次数（1~6）。

（3）固定循环功能指令

孔加工固定循环功能指令的动作方式和用途如表4-3所示。

表4-3 固定循环功能指令一览表

孔加工指令	Z方向进刀方式	孔底动作	Z方向退刀方式	用途
G73	间歇进给	—	快速移动	高速啄式钻深孔循环
G74	切削进给	暂停-主轴正转	切削进给	左旋攻螺纹循环
G76	切削进给	主轴定向停止	快速移动	精镗孔循环
G80	—			取消固定循环
G81	切削进给	—	快速移动	钻孔循环、点钻循环
G82	切削进给	暂停	快速移动	钻孔、锪孔、镗阶梯孔循环
G83	间歇进给	—	快速移动	带排屑啄式钻深孔循环
G84	切削进给	暂停-主轴反转	切削进给	右旋攻螺纹循环
G85	切削进给	—	切削进给	通孔镗孔循环
G86	切削进给	主轴停止	快速移动	粗镗孔循环
G87	切削进给	主轴正转	快速移动	反镗孔循环
G88	切削进给	暂停-主轴正转	手动移动	手动返回镗孔循环
G89	切削进给	暂停	切削进给	精镗阶梯孔循环

① 简单钻孔循环指令G81

指令格式：G98（G99）G81 X__ Y__ Z__ R__ F__ K__；

指令说明：G81钻孔动作循环包括X、Y坐标定位、快进工进和快速返回等动作，该指令主要用于钻中心孔、通孔或螺纹孔。G81指令动作循环见图4-30。

【例4-4】 如图4-31所示，编程原点在工件上表面中心，钻孔初始点距工件上表面50mm，在距工件上表面5mm处（R平面）由快进转换为工进。用G81指令编程如下（注意重复次数K的使用）：

O0044；	程序名
G90 G40 G80 G49；	初始化
G54 G00 X0 Y0 Z100.；	调用G54坐标系，刀具快速定位到起始点
M03 S600；	主轴正转，转速600r/min
Z50.	快速下刀至钻孔初始平面
G91 G99 G81 X40. Z-26. R-45. K3 F60；	
	增量编程，将钻孔动作重复3次
G80 G90 G00 Z100.；	取消循环，绝对坐标编程，快速抬刀
X0 Y0；	返回*XY*面编程原点
M05；	停主轴
M30；	程序结束并复位

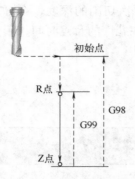

图 4-30 G81 固定循环

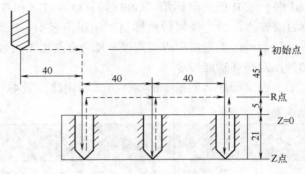

图 4-31 G81 指令编程实例

② 带停顿的钻孔（锪孔、镗孔）循环指令 G82

指令格式：G98（G99）G82 X__ Y__ Z__ R__ P__ F__ K__；

指令说明：G82 指令除了要在孔底暂停外，其他动作与 G81 相同。暂停时间由 P 给出。该指令主要用于扩孔、锪沉头孔或镗阶梯孔。G82 指令动作循环见图 4-32。

【例 4-5】 如图 4-33 所示，工件上 ϕ6mm 的通孔已加工完毕，需用锪孔刀加工 4 个直径为 ϕ10mm、深度为 5mm 的沉头孔，试编写加工程序。编程原点在工件上表面中心，参考程序如下：

图 4-32 G82 固定循环

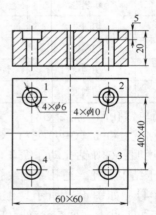

图 4-33 G82 编程实例

程序	说明
O0045；	程序名
G90 G40 G80 G49；	初始化
G54 G00 X0 Y0 Z100.；	调用 G54 坐标系，刀具快速定位到起始点
M03 S300；	主轴正转，转速 300r/min
Z20.	快速下刀至锪孔初始平面
G99 G82 X–20. Y20. Z–5. R5. P2000 F60；	锪孔循环，1 号孔，返回至 R 平面
X20.；	2 号孔，返回至 R 平面
Y–20.；	3 号孔，返回至 R 平面
G98 X–20.；	4 号孔，返回至初始平面
G80 G00 Z100.；	取消循环，快速抬刀

X0 Y0;	返回*XY*面编程原点
M05;	停主轴
M30;	程序结束并复位

③ 高速啄式钻深孔循环指令 G73

指令格式：G98（G99）G73 X__ Y__ Z__ R__ Q__ F__ K__；

指令说明：Q为每次进给深度；每次退刀距离*d*由系统参数来设定。

G73用于Z轴的间歇进给，使深孔加工时容易排屑，但每次不退出孔外，退刀距离短，所以孔的加工效率比G83高，但排屑和冷却效果不如G83。G73指令动作循环见图4-34。

④ 带排屑啄式钻深孔循环指令 G83

指令格式：G98（G99）G83 X__ Y__ Z__ R__ Q__ F__ K__；

指令说明：Q为每次进给深度；每次退刀后再次进给，由快速进给转换为切削进给时距上次加工面的距离*d*由系统参数来设定。

G83指令动作循环见图4-35，与G73不同之处在于每次进刀后都返回R平面高度处，即退出孔外，更有利于钻深孔时的排屑和钻头的冷却，但钻孔速度不如G73。

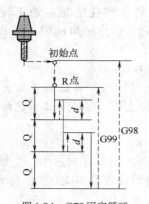

图4-34 G73固定循环

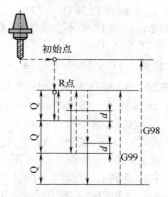

图4-35 G83固定循环

【例4-6】 用G73指令钻削如图4-36所示的零件上的孔。由于孔有精度要求，所以钻孔时必须留有精加工余量，刀具选直径9.5mm的麻花钻头。主轴转速为600r/min，进给速度为0.1mm/r。程序原点设在零件上表面中心。

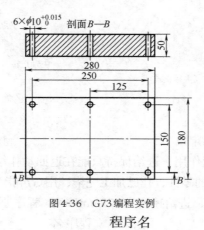

图4-36 G73编程实例

O0046;   程序名

G90 G40 G80 G49;	初始化
G54 G00 X0 Y0 Z100.;	调用G54坐标系，刀具定位到起始点
M03 S600 M08;	主轴正转，切削液开
Z20.;	快速下刀至钻孔初始平面
G99 G73 X-125. Y75. Z-60. R5. Q5. F60.;	
	钻孔循环，第1个孔，返回至R平面
X0;	第2个孔，返回至R平面
X125.;	第3个孔，返回至R平面
X-125. Y-75.;	第4个孔，返回至R平面
X0;	第5个孔，返回至R平面
G98 X125.;	第6个孔，返回至初始平面
G80 G00 Z100.;	取消循环，快速抬刀
M05;	停主轴
M09;	关切削液
M30;	程序结束并复位

⑤ 攻螺纹循环指令G74（左旋）和G84（右旋）

a. 左旋攻螺纹循环指令G74　左旋攻螺纹时主轴反转，到孔底时主轴正转，然后退回。攻螺纹时速度倍率不起作用。使用进给保持时，在全部动作结束前也不停止。G74指令动作循环见图4-37。

指令格式：G98（G99）G74 X__ Y__ Z__ R__ F__ K__;

💡 注意：攻螺纹时进给速度与主轴转速成严格的比例关系，其比例系数为螺纹的螺距，即：进给速度=螺纹的螺距×主轴转速。编程时要根据主轴的转速计算出进给速度。

b. 右旋攻螺纹循环指令G84

指令格式：G98（G99）G84 X__ Y__ Z__ R__ F__ K__;

图4-38为G84指令动作循环图。从R点到Z点攻螺纹时，刀具正向进给，主轴正转。到孔底时，主轴反转，刀具以反向进给速度退出［这里的进给速度F=主轴转速（r/min）×螺纹的螺距（mm），R应选在距工件表面7mm以上的地方］。

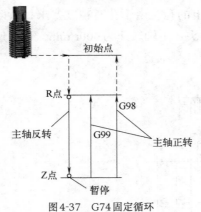

图4-37　G74固定循环

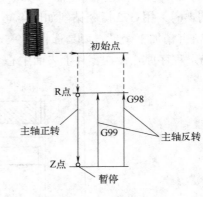

图4-38　G84固定循环

G84指令中进给倍率不起作用，进给保持只能在返回动作结束后执行。

【例4-7】　如图4-39所示的零件，孔已加工完毕，用G74指令攻螺纹，刀具为M12粗牙机用丝锥。主轴转速为100r/min，进给速度为175mm/min。程序原点设在零件上表面中心处。

O0047;	程序名

N10 G90 G40 G80 G49;	初始化
N11 G54 G00 X0 Y0 Z100.;	调用G54坐标系，刀具定位到起始点
N14 Z20.;	快速下刀至攻螺纹初始平面
N15 M04 S100 M08;	主轴反转，切削液开
N16 G99 G74 X–125. Y75. Z–23. R5. P2000 F175;	
	攻螺纹循环，第1个孔，返回至R平面
N17 X0;	第2个孔，返回至R平面
N18 X125.;	第3个孔，返回至R平面
N19 X–125. Y–75.;	第4个孔，返回至R平面
N20 X0;	第5个孔，返回至R平面
N21 G98 X125.;	第6个孔，返回至初始平面
N22 G80 G00 Z100.;	取消循环，快速抬刀
N23 M05;	停主轴
N24 M30;	程序结束并复位

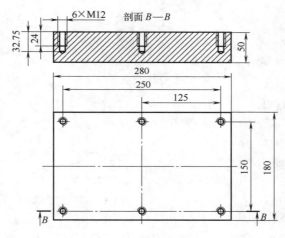

图4-39　G74编程实例

⑥ 镗（铰）孔循环指令G85

指令格式：G98（G99）G85 X＿ Y＿ Z＿ R＿ F＿ K＿；

指令说明：该指令动作过程与G81指令相似，只是G85进刀和退刀都为工进速度，且回退时主轴不停转，G85指令动作循环见图4-40。由于G85指令动作循环的退刀动作是以进给速度实现的，因此可以用于铰孔。

⑦ 粗镗孔循环指令G86

指令格式：G98（G99）G86 X＿ Y＿ Z＿ R＿ F＿ K＿；

指令说明：此指令动作过程与G85相似，但在孔底时主轴停止，然后快速退回，如图4-41所示。

⑧ 镗阶梯孔循环指令G89

指令格式：G98（G99）G89 X＿ Y＿ Z＿ R＿ F＿ K＿；

指令说明：此指令与G85指令基本相同，只是在孔底有暂停。G89指令动作循环见图4-42。

⑨ 镗孔循环指令（手动退刀）G88

指令格式：G98（G99）G88 X＿ Y＿ Z＿ R＿ P＿ F＿ K＿；

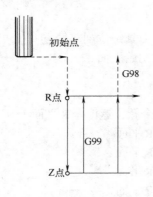

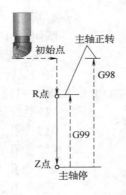

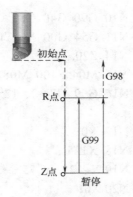

图4-40 G85固定循环   图4-41 G86固定循环   图4-42 G89固定循环

指令说明：在孔底暂停，主轴停止后，转换为手动状态，即手动将刀具从孔中退出。到返回点平面后，主轴正转，再转入下一个程序段进行自动加工，如图4-43所示。

由于镗孔时手动退刀，所以不需主轴准停。

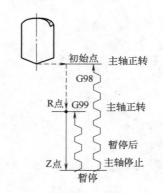

图4-43 G88固定循环

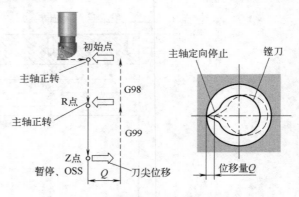

图4-44 G76固定循环及刀尖反向偏置

⑩ 精镗孔循环指令G76

指令格式：G98（G99）G76 X__ Y__ Z__ R__ Q__ P__ F__ K__；

指令说明：Q为在孔底的反向位移量，是在固定循环内保存的模态值，必须小心指定。

图4-44给出了G76指令的动作顺序。精镗时，主轴在孔底定向停止后，向刀尖反方向移动，然后快速退刀，退刀位置由G98或G99决定。这种带有让刀的退刀不会划伤已加工平面，保证了镗孔精度。刀尖反向位移量用Q指定，其值只能为正值。Q值是模态的，位移方向由MDI设定，可为±X、±Y中的任一个。

【例4-8】 精镗如图4-45所示零件上的孔内表面，设零件材料为中碳钢，刀具材料为硬质合金。设程序原点在零件的上表面中心。参考程序如下：

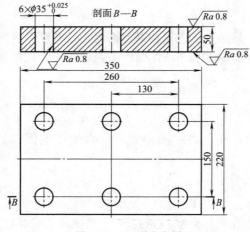

图4-45 G76编程实例

O0048；   程序名

N11 G90 G80 G49 G40;	初始化

N11 G90 G80 G49 G40;　　　　　　　　初始化

N12 G54 G00 X0 Y0 Z100.;　　　　　　调用G54坐标系，刀具定位到起始点

N13 M03 S800;　　　　　　　　　　　主轴正转

N14 M08;　　　　　　　　　　　　　切削液开

N15 Z20.;　　　　　　　　　　　　　快速下刀至镗孔初始平面

N16 G99 G76 X−130. Y75. Z−55. R5. Q3. P2000 F60.;

　　　　　　　　　　　　　　　　　精镗循环，镗孔1，返回R平面

N17 X0;　　　　　　　　　　　　　　镗孔2，返回R平面

N18 X130.;　　　　　　　　　　　　　镗孔3，返回R平面

N19 Y−75.;　　　　　　　　　　　　　镗孔4，返回R平面

N20 X0;　　　　　　　　　　　　　　镗孔5，返回R平面

N21 G98 X−130.　　　　　　　　　　镗孔6，返回初始平面

N22 G80 G00 Z100.;　　　　　　　　　取消循环，快速抬刀

N23 M05;　　　　　　　　　　　　　停主轴

N24 M30;　　　　　　　　　　　　　程序结束并复位

⑪ 反镗孔循环指令G87

指令格式：G98 G87 X__ Y__ Z__ R__ Q__ P__ F__ K__;

指令说明：G87指令用于精密镗孔。参数意义同G76指令。

G87指令动作循环见图4-46。其动作过程为：在XY面上定位；主轴定向停止；在X（Y）方向向刀尖的反方向移动Q值；定位到R点（孔底）；在X（Y）方向向刀尖的方向移动Q值；主轴正转；在Z轴正方向上加工至Z点；主轴定向停止；在X（Y）方向向刀尖的反方向移动Q值；返回到初始点（只能用G98）；在X（Y）方向向刀尖的方向移动Q值；主轴正转。

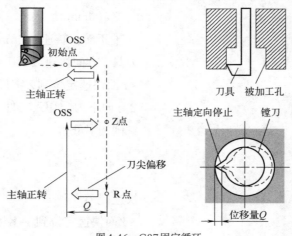

图4-46 G87固定循环

💡**注意**：在固定循环中，定位速度由前面的指令决定。各固定循环指令均为非模态值，因此每条指令的各项参数应写全。固定循环中定位方式取决于上次是G00还是G01，因此如果希望快速定位，则在上一段或本程序段开头加G00。

⑫ 取消固定循环指令G80

该指令能取消所有固定循环，同时R点和Z点也被取消。

使用固定循环时应注意以下几点：

a. 在固定循环指令前应使用 M03 或 M04 指令使主轴回转；

b. 在固定循环程序段中，X、Y、Z、R 数据应至少指定一个才能进行孔加工；

c. 在使用控制主轴回转的固定循环（G74、G84、G86）中，如果连续加工一些孔间距比较小或者初始平面到 R 平面的距离比较短的孔时，会出现进入孔的切削动作时主轴还没有达到正常转速的情况，遇到这种情况时应在各孔的加工动作之间插入 G04 指令以获得足够的时间；

d. 当用 G00 ~ G03 指令注销固定循环时，若 G00 ~ G03 指令和固定循环出现在同一程序段，按后出现的指令运行；

e. 在固定循环程序段中，如果指定了 M 代码，则在最初定位时送出 M 指令，等待 M 指令完成后才能进行孔加工循环。

4.2 数控铣床基本编程实训

4.2.1 槽加工编程

学习了数控铣床的基本编程指令和编程方法后，就能够进行直线及圆弧槽的加工编程了。

【例 4-9】 直线槽的编程。如图 4-47 所示的直线字母槽，字槽深为 2mm，字槽宽为 5mm。编程原点在工件左下角，刀具为直径 5mm 的键槽铣刀。参考程序如下。

程序	说明
O0049;	程序名
G54 G90 G00 X0 Y0 Z100.;	调用 G54 坐标系，刀具快速定位到编程原点上方 100mm 处
M03 S600;	主轴正转，转速 600r/min
Z5.;	刀具 Z 方向快速接近工件
X5. Y35.;	XY 面快速定位到 Z 字母起点
G01 Z–2. F50;	Z 方向下刀，切入工件
G01 X25.;	铣削 Z 字母槽
X5. Y5.;	
X25.;	
G00 Z5.;	快速提刀
X30. Y35.;	XY 面快速定位到 Y 字母起点
G01 Z–2.;	Z 方向下刀，切入工件
X40. Y20.;	铣削 Y 字母槽
Y5.;	
G00 Z5.;	
Y20.;	
G01 Z–2.;	

X50. Y35.；

G00 Z5.；　　　　　　　　　　　　快速提刀

X55.；　　　　　　　　　　　　　*XY* 面快速定位到 X 字母起点

G01 Z–2.；　　　　　　　　　　　*Z* 方向下刀，切入工件

X75. Y5.；　　　　　　　　　　　铣削 Z 字母槽

G00 Z5.；

X55.；

G01 Z–2.；

X75. Y35.；

G00 Z100.；　　　　　　　　　　　*Z* 方向快速返回

M05；　　　　　　　　　　　　　停主轴

M30；　　　　　　　　　　　　　程序结束并复位

【**例 4-10**】 圆弧槽的编程。如图 4-48 所示带圆弧的字母槽，字槽深为 2mm，字槽宽为 5mm。编程原点在工件左下角，刀具为 ϕ5mm 的键槽铣刀。参考程序如下。

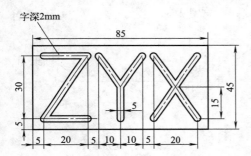

图 4-47　直线字母槽编程　　　　　　　　图 4-48　带圆弧字母槽编程

O0410；　　　　　　　　　　　　程序名

G54 G90 G00 X0 Y0 Z100.；　　　调用 G54 坐标系，刀具快速定位到编程原点
　　　　　　　　　　　　　　　　上方 100mm 处

M03 S600；　　　　　　　　　　主轴正转，转速 600r/min

Z5.；　　　　　　　　　　　　　刀具 *Z* 方向快速接近工件

X23. Y32.5；　　　　　　　　　　*XY* 面快速定位到左侧 C 字母起点

G01 Z–2. F50；　　　　　　　　　*Z* 方向下刀，切入工件

G03 X8. Y32.5 R7.5 F100；　　　　铣削左侧 C 字母槽

G01 Y17.5；

G03 X23. Y17.5 R7.5；

G00 Z5.；　　　　　　　　　　　快速提刀

X33 Y10.；　　　　　　　　　　*XY* 面快速定位到 N 字母起点

G01 Z–2.；　　　　　　　　　　*Z* 方向下刀，切入工件

Y40.；　　　　　　　　　　　　铣削 N 字母槽

X48. Y10.；

Y40.；

G00 Z5.；　　　　　　　　　　　快速提刀

X73. Y32.5；　　　　　　　　　　*XY* 面快速定位到右侧 C 字母起点

G01 Z–2.;	Z方向下刀，切入工件
G03 X58. Y32.5 R7.5;	铣削右侧C字母槽
G01 Y17.5;	
G03 X73. Y17.5 R7.5;	
G00 Z100.;	Z方向快速返回
M05;	停主轴
M30;	程序结束并复位

4.2.2 外轮廓加工编程

【例4-11】 轮廓编程实训。应用刀具半径补偿功能完成如图4-49所示零件凸台外轮廓精加工编程，毛坯为70mm×50mm×20mm长方块（其余面已经加工）。刀具为φ10mm的立铣刀，采用附加半圆的圆弧切入切出方式加工。走刀路线如图4-50所示，参考程序如下。

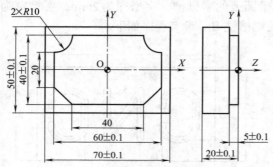

图4-49 外轮廓加工编程实例

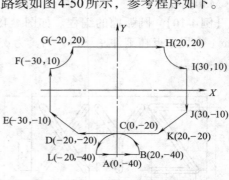

图4-50 走刀路线

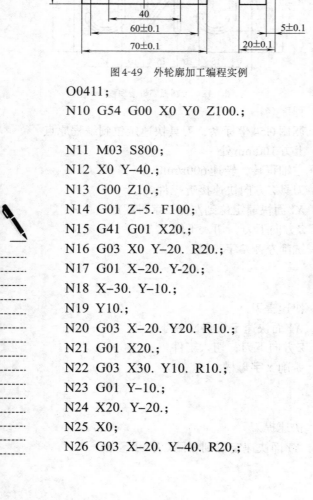

O0411;	程序名
N10 G54 G00 X0 Y0 Z100.;	调用G54坐标系，刀具快速定位到编程原点上方100mm处
N11 M03 S800;	主轴正转，转速800r/min
N12 X0 Y–40.;	XY面快速定位到图4-50所示半圆圆心
N13 G00 Z10.;	刀具Z方向快速接近工件
N14 G01 Z–5. F100;	Z方向下刀，切入工件
N15 G41 G01 X20.;	建立刀具半径补偿，A→B
N16 G03 X0 Y–20. R20.;	圆弧切向切入B→C
N17 G01 X–20. Y–20.;	直线插补C→D
N18 X–30. Y–10.;	直线插补D→E
N19 Y10.;	直线插补E→F
N20 G03 X–20. Y20. R10.;	逆圆插补F→G
N21 G01 X20.;	直线插补G→H
N22 G03 X30. Y10. R10.;	逆圆插补H→I
N23 G01 Y–10.;	直线插补I→J
N24 X20. Y–20.;	直线插补J→K
N25 X0;	直线插补K→C
N26 G03 X–20. Y–40. R20.;	圆弧切向切出C→L

N27　G40　G00　X0;	取消刀具半径补偿，L→A
N28　G00　Z100.;	
N29　X0　Y0;	
N30　M05;	停主轴
N31　M30;	程序结束并复位

4.2.3　内轮廓加工编程

【例 4-12】　型腔编程实训。编程加工如图 4-51 所示型腔类零件，毛坯为 120mm× 100mm×20mm 长方块。刀具为 ϕ8mm 的键槽铣刀。

加工型腔类零件时，刀具的下刀点只能选在零件轮廓内部。使用立铣刀时，一般情况下在下刀之前需要钻一工艺孔，以便于下刀。而键槽铣刀可以沿轴向进给，只需在垂直下刀过程中降低进给速度即可满足工艺要求。

如图 4-52 所示，刀具由 1→2→3→4→5→6→7→8→9→10→11→12→13→14→6→1 的顺序按环切方式进行加工。1→2→3→4→5 是去余量加工，直接按刀具中心编程；6→7→8→9→10→11→12→13→14→6 是轮廓加工，按零件轮廓编程，使用刀具半径补偿；5→6 是刀补建立；6→1 是刀补撤销。铣削过程采用的是顺铣，刀具的走刀路线是逆时针方向。

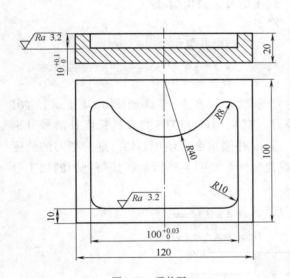

图 4-51　零件图

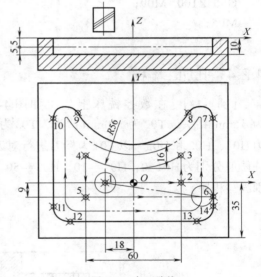

图 4-52　加工路线

参考程序如下。

O0412;	程序名
G54　G90　G00　X0　Y0　Z100.;	调用 G54 坐标系，刀具快速定位到编程原点上方 100mm 处
M03　S800 ;	主轴正转，转速 800r/min
X-18.　Y0	XY 面快速定位到 1 点
Z10.;	刀具 Z 方向快速接近工件
M08;	开切削液
G01　Z-10.　F50;	Z 方向下刀，切入工件（也可以每次下 5mm，分两次切削）

X30. Y0 F100;	1→2
Y17.714;	2→3
G02 X–30. Y17.714 R56.;	3→4
G01 Y–9.;	4→5
G41 X50. D01;	5→6，建立刀具半径左补偿
Y41.762;	6→7
G03 X35. Y45.635 R8.;	7→8
G02 X–35. R40.;	8→9
G03 X-50. Y41.762 R8.;	9→10
G01 X–50. Y–15.;	10→11
G03 X–40. Y–25. R10.;	11→12
G01 X40.;	12→13
G03 X50. Y–15. R10.;	13→14
G01 Y–9.;	14→6
G40 X–18. Y0;	6→1，取消刀具半径补偿
G00 Z100. M09;	快速抬刀，关切削液
M05;	停主轴
M30;	主程序结束并复位

4.2.4 孔加工编程

【例4-13】 在数控铣床上加工如图4-53所示的孔。所用刀具如图4-54所示，T01为 ϕ6mm 钻头，T02为 ϕ10mm 钻头，T03为镗刀。T01、T02和T03的刀具长度补偿号分别为H01、H02和H03。以T01为标刀进行对刀，长度补偿指令都使用G43，则三把刀的长度补偿值分别为H01=0，H02=–10，H03=–50。编程坐标系如图4-53所示，按每把刀的加工分别编写程序。

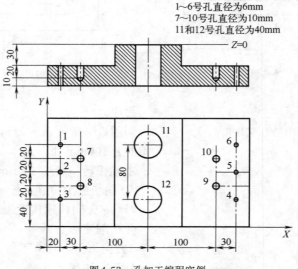

图4-53 孔加工编程实例

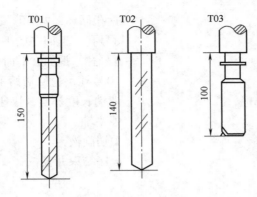

图 4-54　孔加工所用刀具

💡**注意**：在数控铣床上使用多把刀时，换刀要手动完成。

（1）φ6mm 钻头钻孔程序

O0413；

N12 G54 G90 G00 X0 Y0 Z100.；　　　　　　调用 G54 坐标系，绝对坐标编程，刀具快速
　　　　　　　　　　　　　　　　　　　　　　定位到起始点

N13 M03 S600；　　　　　　　　　　　　　　主轴正转，转速 600r/min

N14 M08；　　　　　　　　　　　　　　　　开切削液

N15 G90 G43 G00 Z20. H01；　　　　　　　　绝对坐标编程，快速下刀至钻孔初始平面，建
　　　　　　　　　　　　　　　　　　　　　　立刀具长度补偿

N16 G99 G83 X20. Y120. Z−63. Q3. R−27. F60；
　　　　　　　　　　　　　　　　　　　　　　深孔钻削循环，1 号孔，返回 R 平面

N17 Y80.；　　　　　　　　　　　　　　　　2 号孔，返回 R 平面

N18 G98 Y40.；　　　　　　　　　　　　　　3 号孔，返回初始平面

N19 G99 X280.；　　　　　　　　　　　　　4 号孔，返回 R 平面

N20 Y80.；　　　　　　　　　　　　　　　　5 号孔，返回 R 平面

N21 G98 Y120.；　　　　　　　　　　　　　6 号孔，返回初始平面

N22 G49 G00 Z100.；　　　　　　　　　　　取消长度补偿，快速抬刀

N23 M05；　　　　　　　　　　　　　　　　停主轴

N24 M09；　　　　　　　　　　　　　　　　关切削液

N25 M30；　　　　　　　　　　　　　　　　程序结束并复位

（2）φ10mm 钻头钻孔程序

O0413；

N22 G54 G90 G00 X0 Y0 Z100.；　　　　　　调用 G54 坐标系，绝对坐标编程，
　　　　　　　　　　　　　　　　　　　　　　刀具快速定位到起始点

N23 M03 S600；　　　　　　　　　　　　　　主轴正转，转速 600r/min

N24 M08；　　　　　　　　　　　　　　　　开切削液

N25 G90 G43 Z20. H02；　　　　　　　　　　绝对坐标编程，快速下刀至钻孔初始平面，建
　　　　　　　　　　　　　　　　　　　　　　立刀具长度补偿

N26 G99 G82 X50. Y100. Z−53. R−27. P2000 F60；

	钻孔循环，7号孔，返回R平面
N27 G98 Y60.;	8号孔，返回初始平面
N28 G99 X250.;	9号孔，返回R平面
N29 G98 Y100.;	10号孔，返回初始平面
N30 G49 G00 Z100.;	取消长度补偿，快速抬刀
N31 M05;	停主轴
N32 M09;	关切削液
N33 M30;	程序结束并复位

（3）镗刀镗孔程序

O0413;	
N32 G54 G90 G00 X0 Y0 Z100.;	调用G54坐标系，绝对坐标编程，刀具快速定位到起始点
N33 M03 S600;	主轴正转，转速600r/min
N34 M08;	开切削液
N35 G90 G43 Z20. H03;	绝对坐标编程，快速下刀至镗孔初始平面，建立刀具长度补偿
N36 G99 G76 X150. Y120. Z−65. R3. P2000 Q2. F60;	
	精镗孔循环，11号孔，返回R平面
N37 G98 Y40.;	12号孔，返回初始平面
N38 G80 G49 G00 Z100.;	取消循环，取消长度补偿，快速抬刀
N39 M05;	停主轴
N40 M09;	关切削液
N41 M30;	程序结束并复位

4.3 数控铣床综合编程实训

4.3.1 子程序

数控铣床及加工中心子程序的编程格式及调用格式和前面讲的数控车床的完全一样，这里不再详述，只举例来说明。

【例4-14】 加工图4-55所示零件上的4个相同尺寸的长方形槽，槽深2mm，槽宽10mm，未注圆角为R5。刀具为ϕ10mm键槽铣刀，用子程序功能编程（不考虑刀具半径补偿）。

参考程序如下：

O0414;	主程序名
N09 G17 G40 G80 G90;	初始化
N10 G54 G00 X0 Y0 Z100.;	调用G54坐标系，刀具快速定位到Z100
N11 M03 S800;	主轴正转，转速800r/min
N13 G00 X20.0 Y20.0;	XY面快速定位到A_1点
N14 Z2.0;	快速接近工件至上方2mm处
N15 M98 P0002;	调用2号子程序，完成槽Ⅰ加工

N16 G90 G00 X90.0;	快速移动到A₂点上方2mm处
N17 M98 P0002;	调用2号子程序，完成槽Ⅱ加工
N18 G90 G00 Y70.0;	快速移动到A₃点上方2mm处
N19 M98 P0002;	调用2号子程序，完成槽Ⅲ加工
N20 G90 G00 X20.0;	快速移动到A₄点上方2mm处
N21 M98 P0002;	调用2号子程序，完成槽Ⅳ加工
N22 G90 G00 X0 Y0;	回到工件原点
N23 Z10.0;	
N24 M05;	停主轴
N25 M30;	主程序结束并复位
O0002;	子程序名
N10 G91 G01 Z−2.0 F100;	刀具Z向工进4mm（切深2mm）
N20 X50.0;	A→B
N30 Y30.0;	B→C
N40 X−50.0;	C→D
N50 Y−30.0;	D→A
N60 G00 Z2.0;	Z向快退4mm
N70 M99;	子程序结束，返回主程序

【例4-15】 如图4-56所示，零件上有4个尺寸完全相同的槽，用ϕ9mm立铣刀加工，每次Z向下刀5mm，用子程序功能编写程序。

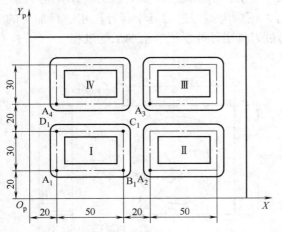

图4-55 子程序编程实例1

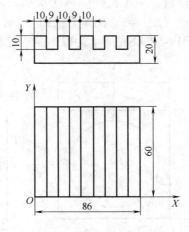

图4-56 子程序编程实例2

O0415;	主程序
N10 G40 G80 G90;	初始化
N11 G54 G00 X0 Y0 Z100.;	调用G54坐标系，刀具快速定位到起始点
N12 M03 S800;	主轴正转，转速800r/min
N13 M08;	开切削液
N14 X−3.5 Y−10.	XY面快速定位
N15 Z2.;	快速接近工件至上方2mm处

N16 M98 P41000;	调用1000号子程序4次，完成4个槽的加工
N17 G90 G00 Z100.	绝对坐标编程，刀具快速返回到Z100
N18 X0 Y0	XY面返回编程原点
N19 M05;	停主轴
N20 M09;	关切削液
N21 M30;	主程序结束并复位
O1000;	子程序
N10 G91 G00 X19.0;	X向增量快速移动19mm
N20 G01 Z–7. F60;	下刀，切深5mm
N30 G01 Y75. F100;	Y向增量切削75mm
N40 Z–5. F60;	再次下刀切深5mm
N50 Y–75. F100;	Y负向增量切削75mm
N60 G00 Z12.	增量快速抬刀12mm
N70 M99;	子程序结束

4.3.2 调用子程序去余量编程

（1）去余量自动编程方法

如图4-57所示，在轮廓铣削时，按照零件轮廓编程，将刀具半径补偿值设为实际刀具半径r，则可完成零件精加工。之后将半径补偿值不断增大，即可通过多次调用零件轮廓子程序完成去余量粗加工。这样用同一编程轮廓实现了零件的粗、精加工，大大简化了编程人员的工作量。为了使相邻两次粗加工之间不留下残余，实际编程时的每次刀补增加值为$\Delta=$刀具直径（$2r$）-1。图4-57（a）所示为以圆台外轮廓为例通过刀具半径补偿粗、精加工的过程，图4-57（b）所示为以圆腔内轮廓为例通过刀具半径补偿粗、精加工的过程。

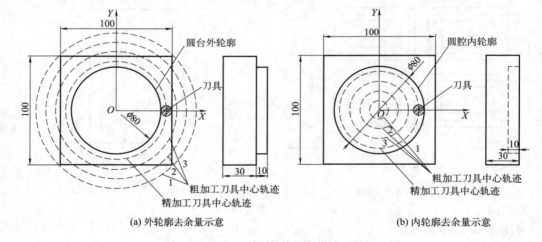

(a) 外轮廓去余量示意　　　　　　　　　　(b) 内轮廓去余量示意

图4-57　通过刀具半径补偿实现零件粗、精加工

（2）方便调用的子程序编制

① 外轮廓去余量子程序　如图4-58（a）所示，按照上述思路编写子程序，注意刀补为左刀补。

G41 G01 X25. Y–65.;　　　　　　　　　路径①，此时不能给定刀补值D

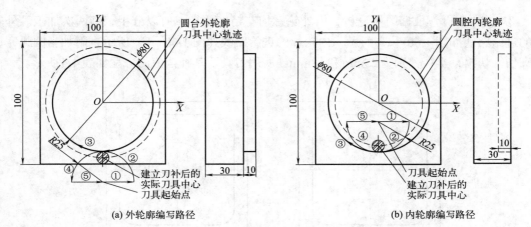

(a) 外轮廓编写路径   (b) 内轮廓编写路径

图4-58　子程序编写动作路径

G03　X0　Y–40. R25.;　　　　　　　　　　路径②

G02　X0　Y–40. I0 J40.;　　　　　　　　　路径③，此路径的程序由实际轮廓决定，有
　　　　　　　　　　　　　　　　　　　　繁有简

G03　X–25. Y–65. R25.;　　　　　　　　　路径④

G40　G01　X0;　　　　　　　　　　　　　路径⑤

如图4-58（b）所示，按照上述思路，编写子程序，注意刀补为右刀补。

G42　G01　X25. Y–15.;　　　　　　　　　路径①，此时不能给定刀补值D

G02　X0　Y–40. R25.;　　　　　　　　　　路径②

G02　X0　Y–40. I0 J40.;　　　　　　　　　路径③，此路径的程序由实际轮廓决定，有
　　　　　　　　　　　　　　　　　　　　繁有简

G02　X–25. Y–15. R25.;　　　　　　　　　路径④

G40G01X0;　　　　　　　　　　　　　　　路径⑤

【例4-16】　如图4-59所示，通过调用子程序不断改变刀具半径补偿值，完成内外轮廓的自动去余量加工。

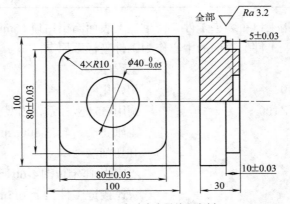

图4-59　自动去余量编程实例

② 图样分析　根据图样，毛坯尺寸为100mm×100mm×30mm，外轮廓公差为±0.03mm，深度为10mm±0.03mm，内轮廓尺寸为$\phi40_{-0.05}^{0}$mm，深度为5mm±0.03mm。表面粗糙度均为*Ra*3.2μm。

③ 工艺分析　根据图样分析，内外轮廓均有精度要求，所以分粗、精两次加工。外轮廓的进给路线如图4-60（a）所示，内轮廓的进给路线如图4-60（b）所示，附加半圆弧完成轮廓切入切出，半径分别为25mm和18mm。所用刀具及其补偿值的分配如表4-4所示。

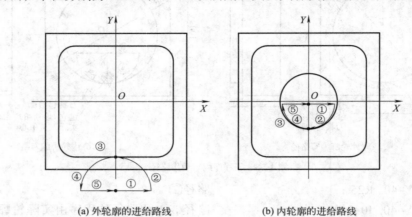

(a) 外轮廓的进给路线　　　　　　(b) 内轮廓的进给路线

图4-60　进给路线

表4-4　刀具及其补偿值的分配

工步	加工内容	刀具名称	补偿号	补偿值/mm	主轴转速/(r/min)	进给速度/(mm/min)	切削深度/mm	XY加工余量/mm
1	粗铣外形	φ10mm键槽铣刀	D01	14	800	200	9.8	0.2
			D02	5.2				
2	精铣外形	φ10mm键槽铣刀	D03	5	1200	100	0.2	0
3	粗铣φ40mm孔	φ20mm键槽铣刀	D04	10.2	800	200	3.8	0.2
4	精铣φ40mm孔	φ20mm键槽铣刀	D05	10	1200	100	0.2	0

④ 装夹定位　采用平口钳装夹工件，使毛坯上表面高出钳口15mm，以确保加工安全。

⑤ 编写加工程序　工件上表面的中心作为工件坐标系原点。

O0416;	主程序
G40 G49 G80 G90;	初始化
G54 G00 X0 Y0 Z100.;	调用G54坐标系，刀具快速定位到起始点
M03 S800;	主轴正转，转速800r/min
M08;	开切削液
X0. Y−65.;	XY面快速定位图4-60所示半圆圆心
Z5.;	快速接近工件至上方5mm处
G01 Z−9.8 F100;	下刀至Z−9.8，留0.2mm精加工余量
D01 M98 P1000 F200;	给定刀补值D01=14，调用1000号子程序去余量
D02 M98 P1000;	给定刀补值D02=5.2，调用1000号子程序去

	余量
D03 M98 P1000 S1200 F100;	给定刀补值D03=5，调用1000号子程序精加工外形
G01 Z-10. F100;	下刀至Z-10.，精加工
D01 M98 P1000 S800 F200;	给定刀补值D01=14，调用1000号子程序去余量
D02 M98 P1000;	给定刀补值D02=5.2，调用1000号子程序去余量
D03 M98 P1000 S1200 F100;	给定刀补值D03=5，调用1000号子程序精加工外形
G00 Z100.;	快速抬刀
M05;	停主轴
M00;	程序暂停

（手动换φ20mm键槽铣刀，和φ10mm的键槽铣刀长度一致，不需要补偿。）

M03 S800;	再次启动主轴正转，转速800r/min
G00 Z5.;	快速接近工件至上方5mm处
G00 X0 Y-2.;	快速定位到图4-60所示半圆圆心
G01 Z-3.8 F100;	下刀至Z-3.8，留0.2mm精加工余量
D04 M98 P2000 F200;	给定刀补值D04=10.2，调用2000号子程序去余量
G01 Z-5. F100;	下刀至Z-5，精加工
D04 M98 P2000 F200;	给定刀补值D04=10.2，调用2000号子程序去余量
D05 M98 P2000 S1200 F100;	给定刀补值D05=10，调用2000号子程序精加工内腔
G00 Z100. ;	快速抬刀
X0 Y0;	XY面快速返回原点
M05;	停主轴
M09;	关切削液
M30;	程序结束并复位

外轮廓铣削子程序：

O1000;	程序名
G41 G01 X25.;	建立刀具半径左补偿，路径①
G03 X0 Y-40. R25.;	逆时针圆弧切入，路径②
G01 X-30. ;	轮廓切削，路径③
G02 X-40. Y-30. R10.;	
G01 Y30.;	
G02 X-30. Y40. R10.;	
G01 X30.;	
G02 X40. Y30. R10.;	

G01 Y−30.；

G02 X30. Y−40. R10.；

G01 X0；

G03 X−25. Y−65. R25.；　　　　　　　逆时针圆弧切出，路径④

G01 G40 X0；　　　　　　　　　　　取消刀补，路径⑤

M99；　　　　　　　　　　　　　　子程序结束

内轮廓铣削子程序：

O2000；　　　　　　　　　　　　　程序名

G42 G01 X18.；　　　　　　　　　　建立刀具半径左补偿，路径①

G02 X0 Y−20. R18.；　　　　　　　　顺时针圆弧切入，路径②

I0 J20.；　　　　　　　　　　　　　轮廓切削，路径③

X−18. Y−2. R18.；　　　　　　　　顺时针圆弧切出，路径④

G40 G01 X0；　　　　　　　　　　取消刀补，路径⑤

M99；　　　　　　　　　　　　　　子程序结束

4.4　数控铣床提高编程实训

4.4.1　简化编程

（1）镜像指令

镜像功能可以实现坐标轴的对称加工。

指令格式：G17/G18/G19 G51.1 X__ Y__ Z__；

　　　　　　M98 P__；

　　　　　　G50.1；

指令说明：G51.1为建立镜像功能，G50.1为取消镜像功能。G17、G18、G19选择镜像平面，X、Y、Z指定镜像的对称轴或中心，立式数控铣床通常是在 XY 面上镜像，所以G17和Z均可省略。P指定镜像加工所调用的子程序号。

 注意：①使用镜像功能后，G02和G03，G42和G41指令互换；②在可编程镜像方式中，与返回参考点有关的指令和改变坐标系的指令（G54～G59）等不许指定。

如图4-61所示，（1）为原刀具路径，执行"G51.1 X50."，以 X=50 为对称轴镜像加工，得到路径（2）；执行"G51.1 Y50."，以 Y=50 为对称轴镜像加工，得到路径（4）；执行"G51.1 X50. Y50."，以点（50，50）为对称中心镜像加工，得到路径（3）。

【例4-17】　使用镜像功能编制如图4-62所示轮廓的加工程序，编程坐标系如图所示，切削深度5mm。刀具为 ϕ10mm 的3刃高速钢立铣刀，参考程序如下：

O0417；　　　　　　　　　　　　　主程序

G54 G90 G00 X0 Y0 Z100.；　　　　调用G54坐标系，绝对坐标编程，刀具快速定位到起始点

M03 S800；　　　　　　　　　　　主轴正转，转速800r/min

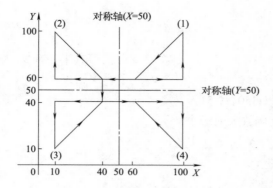

图 4-61　镜像指令功能示意

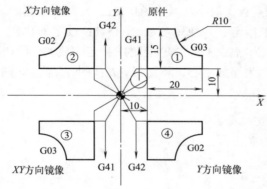

图 4-62　镜像指令编程实例

Z5.;	刀具快速接近工件
M98 P1000;	加工①
G51.1 X0;	Y轴镜像，镜像位置为X=0
M98 P1000;	加工②
G51.1 X0 Y0;	X轴、Y轴（原点）镜像，镜像位置为（0，0）
M98 P1000;	加工③
G50.1 X0;	取消Y轴镜像
G51.1 Y0;	X轴镜像，镜像位置为Y=0
M98 P1000;	加工④
G50.1 Y0;	取消X轴镜像
G00 Z100.;	快速抬刀
M05;	停主轴
M30;	主程序结束并复位
O1000;	子程序
G41 G00 X10. Y4. D01;	快速定位，建立刀具半径补偿
G01 Z−5. F100;	下刀
Y25.;	
X20.;	
G03 X30. Y15. R10.;	
G01 Y10.;	

X3.;

G00 Z5.;

G40 X0 Y0;　　　　　　　　　　　　取消刀具半径补偿

M99;　　　　　　　　　　　　　　子程序结束

（2）比例缩放指令（G50、G51）

① 各轴以相同的比例放大或缩小

指令格式：G51 X__ Y__ Z__ P__;

　　　　　　M98 P__;

　　　　　　G50;

指令说明：G51为比例缩放功能生效，G50为取消比例缩放。X、Y、Z指定缩放中心，G51后的P指定缩放比例系数，最小输入量为0.001，比例系数范围为0.001～999.999。如果比例系数P未在程序段中指定，则使用参数 No.5411 设定的比例，如果省略 X、Y和Z，则G51指令的刀具位置作为缩放中心。M98后的P指定缩放加工所调用的子程序号。

如图4-63所示，以P_0为缩放中心，将矩形$P_1P_2P_3P_4$沿X轴、Y轴以相同比例缩放0.5倍，得到矩形$P_1'P_2'P_3'P_4'$。

② 各轴以不同比例放大或缩小

指令格式：G51 X__ Y__ Z__ I__ J__ K__;

　　　　　　M98 P__;

　　　　　　G50;

指令说明：I、J、K分别为X、Y、Z轴对应的比例缩放系数，在±（0.001～9.999）范围内。FANUC 0i系统设定I、J、K不能带小数点，比例为1时，应输入1000，并在程序中都要输入，不能省略。

如图4-64所示，以O为缩放中心，X轴、Y轴的缩放比例系数分别为b/a、d/c。

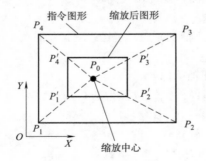

图4-63　各轴以相同比例缩放

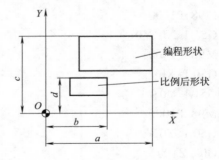

图4-64　各轴以不同比例缩放

💡**注意：**①G51需在单独程序段指定，比例缩放之后必须用G50取消；②在使用G51时，当不指定P而是用参数设定指定比例系数时，其他任何指令不能改变这个值；③比例缩放对刀具偏置值无效。

【例4-18】 如图4-65所示零件，设零件材料为铝合金，零件已经过粗加工。刀具为ϕ10mm的3刃高速钢立铣刀，选择主轴转速为800r/min，进给速度为100mm/min，刀具长度补偿值为H01=3mm，刀具沿顺时针路线进给。

中间层三角形凸台尺寸是顶层三角形尺寸的2倍，因此，本例先编制顶层三角形程序，在加工中间层三角形时用顶层三角形程序放大。

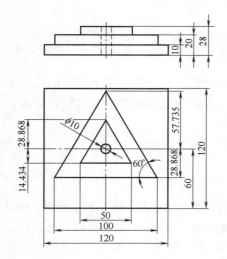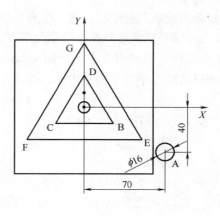

图4-65 缩放指令编程实例

设工件坐标系原点在零件中间，起刀点坐标为（70，-40），加工顶层三角形的走刀路线为A→B→C→D→B→A，加工中间层三角形的走刀路线为A→E→F→G→E→A，B、C、D三点的坐标分别为B（25，-14.434）、C（-25，-14.434）、D（0，28.868）。参考程序如下。

O0418；	主程序
N10 G90 G40 G49；	初始化
N11 G00 G54 X70. Y-40.；	调用G54坐标系，快速移动到起刀点
N12 G91 G28 Z0；	Z轴返回参考点
N13 T01 M06；	换1号刀
N14 M03 S800；	主轴正转，转速800r/min
N15 G43 H01 G00 Z5.；	快速接近至Z5处，建立刀具长度补偿
N16 Z-8. M08；	下刀，开切削液
N17 M98 P1000；	调用小三角形子程序
N18 G00 Z-18.；	下刀，准备切下一层三角形
N19 G51 X0 Y0 P2	利用缩放功能放大2倍
N20 M98 P1000；	调用小三角形子程序
N21 G50；	取消缩放
N22 G00 Z100.；	抬刀
N23 M30；	主程序结束，停冷却，停主轴
O1000；	子程序
N11 G41 G01 X25. Y-13.434 F100；	左刀补，A→B
N12 X-25.；	B→C
N13 X0 Y28.868；	C→D
N14 X25. Y-14.434；	D→B
N15 G40 G00 X70. Y-40.；	B→A，取消刀补
N16 M99；	子程序结束，返回主程序

（3）旋转指令

旋转指令的功能是把编程位置（轮廓）旋转某一角度。具体功能如下：

① 可以将编程形状旋转某一指定的角度。

② 如果工件的形状由许多相同的轮廓单元组成，且分布在由单元图形旋转便可达到的位置上，则可将图形单元编为子程序，然后用主程序通过旋转指令旋转图形单元，便可得到工件整体形状。

指令格式：G17/G18/G19 G68 X__ Y__ Z__ R__；

　　　　　　M98 P__；

　　　　　　G69；

指令说明：G68为建立坐标系旋转，G69为取消坐标系旋转。G17、G18、G19为选择旋转平面，X、Y、Z指定旋转中心，立式数控铣床通常是在 *XY* 面上旋转，所以G17和Z均可省略。R指定旋转角度，以度（°）为单位，一般逆时针旋转角度为正。P指定旋转加工所调用的子程序号。

💡 **注意：**①坐标系旋转G代码（G68）的程序段之前要指定平面选择代码（G17、G18或G19），平面选择代码不能在坐标系旋转方式中指定。②当X、Y省略时，G68指令认为当前的刀具位置即为旋转中心。③若程序中未采R值，则参数No.5410中的值被认为是角度位移值。④取消坐标旋转方式G代码（G69）可以指定在其他程序段中。

【例4-19】 图4-66中有四个形状完全相同的槽，用坐标旋转指令完成程序编制。*XY* 面的编程原点在工件中心，Z轴原点在工件上表面，刀具为 ϕ20mm 的键槽铣刀，刀具长度补偿值为H01=−3mm。参考程序如下。

```
O0419;
G54 G90 G00 X0 Y0 Z100.;        调用G54坐标系，绝对坐标编程，刀具快速
                                定位到起始点
M03 S800;                       主轴正转，转速800r/min
G43 H01 Z10.;                   快速接近至Z10处，建立刀具长度补偿
X20. Y20.                       快速定位至X20、Y20处
M98 P1000;                      加工右上角轮廓
G00 X−20. Y20.;                 快速定位至X−20、Y20处
G68 X0 Y0 R90;                  以坐标原点为旋转中心，旋转90°
M98 P1000;                      加工左上角轮廓
G69;                            取消旋转
G00 X−20. Y−20.;                快速定位至X−20、Y−20处
G68 X0 Y0 R180;                 以坐标原点为旋转中心，旋转180°
M98 P1000;                      加工左下角轮廓
G69;                            取消旋转
G00 X20. Y−20.;                 快速定位至X20、Y−20处
G68 X20. Y−20. R270;            以坐标原点为旋转中心，旋转270°
M98 P1000;                      加工右下角轮廓
G69;                            取消旋转
```

G49　G00　Z100.;	快速抬刀，取消刀具长度补偿
M05;	停主轴
M30;	主程序结束并复位
O1000;	子程序
G01　Z–5. F60;	下刀至Z–5处
G91　G01　X12.14. Y12.14 F100;	*X*、*Y*向分别增量移动12.14mm
G90　G01　Z5.;	抬刀至Z5处
M99;	子程序结束

4.4.2　宏程序编程

宏指令编程的基本知识已在车削编程部分讲述，这里不再赘述，只举以下球面加工具体实例。

其编程思想为以若干个不等半径的整圆代替曲面。

【例4-20】 平刀加工凸半球。已知凸半球的半径*R*，刀具半径*r*，建立如图4-67所示几何模型，数学变量表达式如下：

#1=θ=0　（0°～90°，设定初始值#1=0）

#2=X=R*SIN[#1]+r（刀具中心坐标）

#3=Z=R–R*COS[#1]

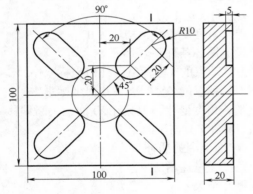

图4-66　旋转编程实例

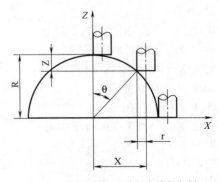

图4-67　平刀加工凸球程序编程实例

编程时以圆球的顶面为Z向原点，参考程序如下。

O0020;	程序名
M03　S800;	主轴正转，转速800r/min
G90　G54　G00　X0 Y0 Z100. ;	绝对坐标编程，调用G54坐标系，刀具快速定位到起始点
G00　Z3.;	Z方向快速下刀
#1=0;	定义角度变量#1，初值为0°
WHILE[#1LE90]DO1;	设定循环条件
#2=R*SIN[#1]+r;	刀具动点的*X*坐标值（几何坐标系中）
#3=R–R*COS[#1];	刀具动点的*Z*坐标值（几何坐标系中）
G01　X#2 Y0 F100;	随着角度变化，刀具在*XY*面上不断偏移

G01 Z–#3 F60；	刀具在Z方向不断下刀
G02 X#2 Y0 I–#2 J0 F100；	XY面上圆弧插补
#1=#1+1；	角度变量递增
END1；	循环结束
G00 Z100.；	快速抬刀
M05；	停主轴
M30；	程序结束并复位

💡**注意：**当加工的球形的角度为非半球时，可以通过调整#1（也就是θ角变化范围）来改变程序。

【例4-21】 球刀加工凸半球。已知凸半球的半径R、刀具半径r，建立如图4-68所示几何模型，设定变量表达式：

#1=θ=0(0°～90°，设定初始值#1=0)

#2=X=[R+r]*SIN[#1]（刀具中心坐标）

#3=Z=R–[R+r]*COS[#1]+r=[R+r]*[1–COS[#1]]

编程时以圆球的顶面为Z方向原点，参考程序如下。

O0021；	程序名
M03 S800；	主轴正转，转速800r/min
G90 G54 G00 X0 Y0 Z100.；	绝对坐标编程，调用G54坐标系，刀具快速定位到起始点
Z3.；	Z方向快速下刀
#1=0；	定义角度变量#1，初值为0°
WHILE[#1LE90]DO1；	设定循环条件
#2=[R+r]*SIN[#1]；	刀具动点的X坐标值（几何坐标系中）
#3=[R+r]*[1–COS[#1]]；	刀具动点的Z坐标值（几何坐标系中）
G01 X#2 Y0 F100；	随着角度变化，刀具在XY面上不断偏移
G01 Z–#3 F60；	刀具在Z方向不断下刀
G02 X#2 Y0 I–#2 J0 F100；	XY面上圆弧插补
#1=#1+1；	角度变量递增
END1；	循环结束
G00 Z100.；	快速抬刀
M05；	停主轴
M30；	程序结束并复位

【例4-22】 球刀加工凹半球。已知凹半球的半径R，刀具半径r，建立如图4-69所示几何模型，设定变量表达式：

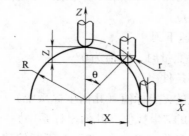

图4-68 球头加工凸球程序编制实例

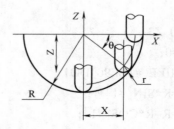

图4-69 球头加工凹球程序编制实例

#1=θ=0(0°~90°，设定初始值#1=0)

#2=X=[R−r]*COS[#1]（刀具中心坐标）

#3=Z=[R−r]*SIN[#1]+r

编程时以圆球的顶面为 Z 方向原点，参考程序如下。

O0022；	程序名
M03 S800；	主轴正转，转速 800r/min
G90 G54 G00 X0 Y0 Z100.；	绝对坐标编程，调用 G54 坐标系，刀具快速定位到起始点
G00 Z3.；	Z 方向快速下刀
#1=0；	定义角度变量#1，初值为 0°
WHILE[#1LE90]DO1；	设定循环条件
#2=[R−r]*SIN[#1]；	刀具动点的 X 坐标值（几何坐标系中）
#3=[R−r]*COS[#1]+r；	刀具动点的 Z 坐标值（几何坐标系中）
G01 X#2 Y0 F100；	随着角度变化，刀具在 XY 面上不断偏移
G01 Z−#3 F60；	刀具在 Z 方向不断下刀
G03 X#2 Y0 I−#2 J0 F100；	XY 面上圆弧插补
#1=#1+1；	角度变量递增
END1；	循环结束
G00 Z100.；	快速抬刀
M05；	停主轴
M30；	程序结束并复位

💡注意：当加工凸半球或凹半球的一部分时，可以通过改变#1 即 θ 角来实现。如果凹半球底部不加工，可以利用平刀加工，方法相似。

为了避免重复，孔口倒角和倒圆角的宏程序编制在 4.5.3 节讲述。

4.5 华中 HNC 系统编程实训

华中系统（世纪星 HNC-21/22M）大部分编程指令的格式、含义与 FANUC 0i 系统一样，这里只介绍不同的部分。

4.5.1 HNC-21/22M 的基本编程指令

(1) 局部坐标设定指令 G52

指令格式：G52 X__ Y__ Z__ A__ B__ C__ U__ V__ W__

指令说明：

① X、Y、Z、A、B、C、U、V、W 为局部坐标系原点在工件坐标系中的坐标值。G52 指令能在所有的工件坐标系（G54~G59）内形成子坐标系，即设定局部坐标系。含有 G52 指令的程序段中，绝对坐标方式（G90）编程的移动指令就是在该局部坐标系中的坐标值。即使设定了局部坐标系，工件坐标系和机床坐标系也不变化。

② G52 指令仅在其被规定的程序段中有效。

③ 在缩放及坐标系旋转状态下，不能使用 G52 指令，但在 G52 中能进行缩放及坐标系旋转。

（2）脉冲当量输入指令 G22

G22指令用来指定坐标轴的尺寸，以脉冲当量的形式输入，与G20、G21一样，都属于坐标尺寸选择指令。如果在程序中使用了G22，则坐标轴的尺寸或进给速度的单位以脉冲当量来度量。

（3）单方向定位指令 G60

指令格式：G60 X＿ Y＿ Z＿ A＿ B＿ C＿ U＿ V＿ W＿

指令说明：X、Y、Z、A、B、C、U、V、W为定位终点，在G90时为终点在工件坐标系中的坐标，在G91时为终点相对于起点的位移量。

在单向定位时，每一轴的定位方向是由机床参数确定的。在G60中，先以G00速度快速定位到一中间点，然后以一固定速度移动到定位终点。中间点与定位终点的距离（偏移值）是一常量，由机床参数设定，且从中间点到定位终点的方向即为定位方向。

G60指令仅在其被规定的程序段中有效。

（4）暂停功能指令 G04

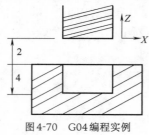

图4-70　G04编程实例

指令格式：G04 P＿

指令说明：P为暂停时间，单位为s。

G04在前一程序段的进给速度降到零之后才开始暂停动作，在执行含G04指令的程序段时，先执行暂停功能。

G04为非模态指令，仅在其被规定的程序段中有效。

【例4-23】 编制图4-70所示零件的钻孔加工程序。

%0423	程序名
G54 G00 X0 Y0 Z100	调用G54坐标系，刀具定位到起始点
M03 S800	主轴正转，转速800r/min
Z2	下刀至Z2
G91 G01 Z–6 F100	增量编程，钻孔
G04 P2	孔底暂停2s
Z6	退刀
G90 G00 Z100	绝对坐标编程，快速返回
M05	停主轴
M30	程序结束并复位

G04可使刀具做短暂停留，以获得圆整而光滑的表面。如对不通孔做深度控制时，在刀具进给到规定深度后，用暂停指令使刀具做非进给光整切削，然后退刀，保证孔底平整。

（5）准停检验指令 G09

指令格式：G09

指令说明：一个包括G09的程序段，在继续执行下个程序段前，准确停止在本程序段的终点。该功能用于加工尖锐的棱角。

G09为非模态指令，仅在其被规定的程序段中有效。

（6）段间过渡方式指令 G61、G64

指令格式：G64/G61

指令说明：G61为精确停止检验；G64为连续切削方式。

在G61后的各程序段编程轴都要准确停止在程序段的终点，然后再继续执行下一程序段。

在G64之后的各程序段，编程轴刚开始减速时（未到达所编程的终点）就开始执行下一程序段，但在定位指令（G00、G60）或有准停校验（G09）的程序段中，以及在不含运动指令的程序段中，进给速度仍减速到零，才执行定位校验。

G61方式的编程轮廓与实际轮廓相符。G61与G09的区别在于G61为模态指令。G64方式的编程轮廓与实际轮廓不同，其不同程度取决于F值的大小及两路径间的夹角，F越大其区别越大。

G61、G64为模态指令，可相互注销，G64为缺省值。

【例4-24】 编制如图4-71所示轮廓的加工程序，要求编程轮廓与实际轮廓相符。

%0424	程序名
G54 G00 X0 Y0 Z100	调用G54坐标系，刀具定位到起始点
M03 S800	主轴正转，转速800r/min
G91 G00 Z–10	增量编程，快速下刀
G41 X50 Y20 D01	快速定位，建立刀具半径左补偿
G01 G61 Y80 F100	直线插补，精确停止检验
X100	
……	

【例4-25】 编制如图4-72所示轮廓的加工程序，要求程序段间不停顿。

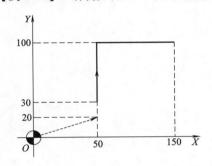

图4-71 G61编程

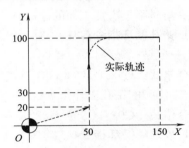

图4-72 G64编程

%0424	程序名
G54 G00 X0 Y0 Z100	调用G54坐标系，刀具定位到起始点
M03 S800	主轴正转，转速800r/min
G91 G00 Z–10	增量编程，快速下刀
G41 X50 Y20 D01	快速定位，建立刀具半径左补偿
G01 G64 Y80 F100	直线插补，连续切削（程序段间不停顿）
X100	
……	

4.5.2 固定循环功能

4.5.2.1 概述

HNC-21/22M系统固定循环功能的编程格式和前面述及的FANUC 0i系统的基本一样，这里只重点说明与其不同的部分。

HNC-21/22M系统固定循环的程序格式如下：

G98（G99）（G73～G88）X__ Y__ Z__ R__ Q__ P__ I__ J__ K__ F__ L__

说明：G98和G99决定加工结束后的返回位置，G98为返回初始平面，G99为返回R平面；X、Y为孔位数据，指被加工孔的位置；Z为R点到孔底的距离（G91时）或孔底坐标（G90时）；R为初始点到R点的距离（G91时）或R点的坐标值（G90时）；Q指定每次进给深度（G73或G83时），是增量值，Q<0；K指定每次退刀量（G73或G83时），K>0；I、J指定刀尖向反方向的移动量（负值，分别在X轴、Y轴方向上）；P指定刀具在孔底的暂停时间；F为切削进给速度；L指定固定循环的次数。

4.5.2.2 固定循环指令

（1）高速深孔加工循环指令G73和深孔加工循环指令G83

① 高速深孔加工循环指令G73

指令格式：G98（G99）G73 X__ Y__ Z__ R__ Q__ P__ K__ F__ L__

指令说明：Q为每次进给深度（负值）；K为每次退刀距离（正值）。

💡**注意：Z、K、Q移动量均为零时，该指令不执行。**

② 深孔加工循环指令G83

指令格式：G98（G99）G83 X__ Y__ Z__ R__ Q__ P__ K__ F__ L__

指令说明：Q为每次进给深度（负值）；K为每次退刀后再次进给时，由快速进给转换为切削进给时距上次加工面的距离（正值）。

（2）钻孔循环指令G81和G82

① 一般钻孔循环指令G81

指令格式：G98（G99）G81 X__ Y__ Z__ R__ F__ L__

② 带停顿的钻孔循环指令G82

指令格式：G98（G99）G82 X__ Y__ Z__ R__ P__ F__ L__

（3）攻螺纹循环指令G74（左旋）和G84（右旋）

① 左旋攻螺纹循环指令G74

指令格式：G98（G99）G74 X__ Y__ Z__ R__ P__ F__ L__

左旋攻螺纹时主轴反转，到孔底时主轴正转，然后退回。攻螺纹时速度倍率不起作用。使用进给保持时，在全部动作结束前也不停止。

② 右旋攻螺纹循环指令G84

指令格式：G98（G99）G84 X__ Y__ Z__ R__ P__ F__ L__

G84指令中进给倍率不起作用，进给保持只能在返回动作结束后执行。

（4）镗孔循环指令G85、G86和G89

① 镗孔（铰孔）循环指令 G85

指令格式：G98（G99）G85 X__ Y__ Z__ R__ F__ L__

② 粗镗孔循环指令G86

指令格式：G98（G99）G86 X__ Y__ Z__ R__ F__ L__

③ 镗阶梯孔循环指令G89

指令格式：G98（G99）G89 X__ Y__ Z__ R__ P__ F__ L__

（5）镗孔循环（手动退刀）指令G88

指令格式：G98（G99）G88 X__ Y__ Z__ R__ P__ F__ L__

💡**注意：以上指令与FANUC 0i系统的差别是参数形式不一样，循环指令及循环功能**

的执行过程都是一样的，所以以上只给出了HNC-21/22M系统的指令格式，具体的循环过程及注意事项可参考前面内容。

（6）精镗循环指令G76

指令格式：G98（G99）G76 X__ Y__ Z__ R__ P__ I(J)__ F__ L__

指令说明：I为X轴刀尖反向位移量；J为Y轴刀尖反向位移量。

图4-73给出了G76指令的循环动作及刀尖反向偏移示意。

【例4-26】 使用G76指令编制如图4-74所示精镗加工程序。刀具起点为（0，0，100），循环起点为（0，0，20），安全高度为5mm。

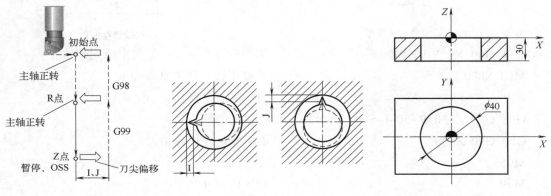

图4-73 G76固定循环动作及刀尖反向偏移　　　　　　图4-74 G76编程实例

%0426	程序名
G54 G00 X0 Y0 Z100	调用G54坐标系，刀具定位到起始点
M03 S600 S800	主轴正转，转速800r/min
G00 Z20	快速下刀至镗孔初始平面
G99 G76 R5 P2 I–5 Z–35 F60	精镗孔循环
G80 G00 Z100	取消循环，快速抬刀
M05	停主轴
M30	程序结束并复位

（7）反镗循环指令G87

指令格式：G98 G87 X__ Y__ Z__ R__ P__ I__ J__ F__ L__

指令说明：I为X轴刀尖反向位移量；J为Y轴刀尖反向位移量。

G87指令动作循环见图4-75，其动作过程为：在XY面上定位；主轴定向停止；在X（Y）方向向刀尖的反方向移动I（J）值；定位到R点（孔底）；在X（Y）方向向刀尖的方向移动I（J）值；主轴正转；在Z轴正方向上加工至Z点；主轴定向停止；在X（Y）方向向刀尖的反方向移动I（J）值；返回到初始点（只能用G98）；在X（Y）方向向刀尖的方向移动I（J）值；主轴正转。

【例4-27】 使用G87指令编制如图4-76所示阶梯孔加工程序。设编程原点在工件上表面中心。

%0427	程序名

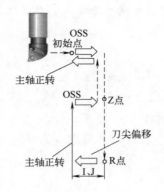

图 4-75 G87 固定循环

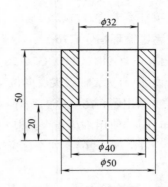

图 4-76 G87 编程实例

G54 G00 X0 Y0 Z100	调用 G54 坐标系，刀具定位到起始点
M03 S800	主轴正转，转速 800r/min
Z20	快速下刀至镗孔初始平面
G98 G87 Z-30 R-50 I-5 P2 F60	反镗孔循环
G80 G00 Z100	取消循环，快速抬刀
M05	停主轴
M30	程序结束并复位

4.5.3 华中系统简化编程

（1）子程序调用指令 M98 及从子程序返回指令 M99

M98 用来调用子程序；M99 表示子程序结束，执行 M99，使控制返回到主程序。

① 子程序的结构

%××××

…

M99

在子程序开头必须规定子程序号，以作为调用入口地址，在子程序的结尾用 M99，以控制执行完该子程序后返回主程序。

② 调用子程序的格式

指令格式：M98 P__ L__

指令说明：P 为被调用的子程序号；L 为重复调用次数。

（2）镜像功能指令 G24、G25

当工件（或某部分）具有相对于某一轴对称的形状时，可以利用镜像功能和子程序简化编程。镜像指令能将数控加工刀具轨迹沿某坐标轴做镜像变换而形成对称的加工刀具轨迹。对称轴可以是 X 轴、Y 轴或 X 轴和 Y 轴（即原点对称）。

指令格式：G24 X__ Y__

M98 P__

G25 X__ Y__

指令说明：G24 指令用于建立镜像，由指令坐标轴后的坐标值指定镜像位置；G25 指令用于取消镜像；G24、G25为模态指令，可相互注销，G25为缺省值。

💡注意：有刀补时，先镜像，然后进行刀具长度补偿、半径补偿。当某一轴的镜像有效时，该轴执行与编程方向相反的运动。

【例4-28】 使用镜像功能编制如图4-77所示轮廓的加工程序，设刀具起点距工件上表面100mm，切削深度5mm。使用刀具半径补偿和长度补偿，补偿号分别为D01和H01。参考程序如下。

%0428	主程序
N01 G54 G00 X0 Y0 Z100	调用G54坐标系，刀具快速定位到起始点
N02 G91 M03 S800	增量坐标编程，主轴正转，转速800r/min
N03 M98 P1000	加工①
N04 G24 X0	Y轴镜像，镜像位置为X=0
N05 M98 P1000	加工②
N06 G25 X0	取消Y轴镜像
N07 G24 X0 Y0	X轴和Y轴镜像，镜像位置为（0，0）
N08 M98 P1000	加工③
N09 G25 X0 Y0	取消X轴和Y轴镜像
N10 G24 Y0	X轴镜像，镜像位置为Y=0
N11 M98 P1000	加工④
N12 G25 Y0	取消X轴镜像
N13 M05	停主轴
N14 M30	主程序结束并复位
%1000	子程序（①的加工程序）
N100 G41 G00 X10 Y6 D01	快速定位，建立刀具半径补偿
N120 G43 Z–98 H01	快速下刀，建立刀具长度补偿
N130 G01 Z–7 F100	
N140 Y24	
N150 X10	
N160 G03 X10 Y–10 I10 J0	
N170 G01 Y–10	
N180 X–24	
N190 G49 G00 Z105	快速抬刀，取消刀具长度补偿
N200 G40 X–6 Y–10	快速返回坐标原点，取消刀具半径补偿
N210 M99	子程序结束

（3）缩放功能指令G50、G51

使用G51指令可用一个程序加工出形状相同、尺寸不同的工件。

指令格式：G51 X__ Y__ Z__ P__

　　　　　M98 P__

　　　　　G50

指令说明：G51中的X、Y、Z给出缩放中心的坐标值，P后跟缩放倍数。G51既可指定平面缩放，也可指定空间缩放。用G51指定缩放开，G50指定缩放关。有刀补时，先缩放，然后进行刀具长度补偿、半径补偿。

在G51后，运动指令的坐标值以（X，Y，Z）为缩放中心，按P规定的缩放比例进行计算。G51、G50为模态指令，可相互注销，G50为缺省值。

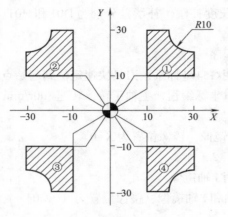

图4-77　镜像功能编程　　　　　　　　　　　图4-78　缩放功能编程

【例4-29】　使用缩放功能编制如图4-78所示轮廓的加工程序，已知三角形ABC的顶点为A（10，30）、B（90，30）、C（50，110），三角形A′B′C′是缩放后的图形，其中缩放中心为D（50，50），缩放系数为0.5倍，编程坐标系如图所示。使用刀具半径补偿，补偿号为D01。参考程序如下。

程序	说明
%0429	主程序
G90 G54 G00 X0 Y0 Z100	绝对坐标编程，调用G54坐标系，刀具快速定位到起始点
M03 S800	主轴正转，转速800r/min
G00 X50 Y50 Z14	快速定位到缩放中心D点，距工件表面4mm处
#51=14	第一次变量赋值
M98 P1000	加工三角形ABC
#51=8	第二次变量赋值
G51 X50 Y50 P0.5	缩放中心（50，50），缩放系数0.5
M98 P1000	加工三角形A′B′C′
G50	取消缩放
G00 Z100	快速抬刀
M05	停主轴
M30	主程序结束并复位
%1000	子程序（三角形ABC的加工程序）
N10 G42 G00 X10 Y30 D01	快速定位到A点，建立刀具半径补偿
N11 G91 Z[−#51]	增量下刀
N12 G90 G01 X90 F100	
N13 X50 Y110	
N14 X10 Y30	

N15 G91 Z［#51］	增量提刀
N16 G90 G40 G00 X50 Y50	快速返回缩放中心 D 点，取消刀具半径补偿
N17 M99	子程序结束

（4）旋转变换功能指令 G68、G69

该指令可使编程图形按照指定旋转中心及旋转方向旋转一定角度，通常和子程序一起使用，加工旋转到一定位置的工件。

指令格式：G68 α＿＿ β＿＿ P＿＿

M98 P＿＿

G69

指令说明：（α，β）是由 G17、G18 或 G19 定义的旋转中心；P 为旋转角度，单位是（°），0≤P≤360°。G68 为坐标旋转功能，G69 为取消坐标旋转功能。G68、G69 为模态指令，可相互注销，G69 为缺省值。

🔍 **注意**：在有刀具补偿的情况下，先进行坐标旋转，然后才进行刀具半径补偿、长度补偿。在有缩放功能的情况下，先缩放后旋转。

【例 4-30】 使用旋转功能编制如图 4-79 所示轮廓的加工程序，设刀具起点距工件上表面 50mm，切削深度 5mm，使用刀具半径补偿和长度补偿，补偿号分别为 D02 和 H02。参考程序如下。

%0430	
N05 G54 G00 X0 Y0 Z100	绝对坐标编程，调用 G54 坐标系，刀具快速定位到起始点
N10 M03 S800	主轴正转，转速 800r/min
N15 G43 Z-5 H02	快速下刀，建立刀具长度补偿
N20 M98 P1000	加工①
N25 G68 X0 Y0 P45	旋转 45°
N30 M98 P1000	加工②
N35 G69	取消旋转
N40 G68 X0 Y0 P90	旋转 90°
N45 M98 P1000	加工③
N50 G69	取消旋转
N55 G49 G00 Z100	快速抬刀，取消刀具长度补偿
N60 M05	停主轴
N65 M30	主程序结束并复位
%1000	子程序（①的加工程序
N10 G41 G00 X20 Y-5 D02	快速定位，建立刀具半径补偿
N11 G01 Y0 F100	
N12 G02 X40 I10	
N13 X30 I-5	
N14 G03 X20 I-5	
N15 G00 Y-5	

N16 G40 X0 Y0	取消刀具半径补偿
N17 M99	子程序结束

4.5.4 华中系统宏程序编程

华中系统宏程序的有关内容已在2.5.4节介绍，这里只举例说明HNC-21/22M系统如何使用宏程序编程。

【例4-31】 椭圆的宏程序编制。如图4-80所示，毛坯为100mm×60mm×25mm，加工椭圆型腔，其长半轴为40mm，短半轴为25mm，编制其粗精加工程序。刀具为φ10mm的键槽铣刀，编程原点在工件表面中心，参考程序如下。

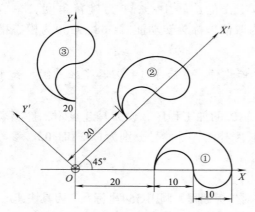

图4-79 旋转功能编程

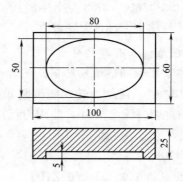

图4-80 椭圆型腔编程实例

%0431	主程序
G90 G54 G00 X0 Y0 Z100	绝对坐标编程，调用G54坐标系，刀具快速定位到起始点
M03 S800	主轴正转，转速800r/min
G00 Z10	刀具快速接近工件
G01 Z–5 F60	下刀
D01 M98 P1000	第一次刀补去余量（D01=23）
D02 M98 P1000	第二次刀补去余量（D01=14）
D03 M98 P1000	第三次刀补去余量（D01=6）
D04 M98 P1000	第三次刀补（D01=5），精加工
G00 Z100	快速抬刀
X0 Y0	XY面返回编程原点
M05	停主轴
M30	主程序结束并复位
%1000	子程序
G41 G01 X40 Y0	建立刀具半径补偿
#1=0	定义椭圆离心角θ为自变量，初值为0°
WHILE #1LE360	设置循环条件
G01 X[#3]Y[#4] F100	直线插补，逼近椭圆

#3=40*COS[#1*PI/180]	刀具动点的X坐标（华中系统需要转换为弧度，下同）
#4=20*SIN[#1*PI/180]	刀具动点的Y坐标
#1=#1+1	自变量递增
ENDW	循环结束
G40 G01 X0	
M99	子程序结束

【例4-32】 平刀倒孔口凸圆角。已知孔口直径φ、孔口圆角半径R、平刀半径r、建立如图4-81所示几何模型，设定变量表达式：

#1=θ=0（θ从0°~90°，设定初始值#1=0）

#2=X=φ/2+R-r-R*SIN[#1*PI/180]

#3=Z=R-R*COS[#1*PI/180]

编程时以工件上表面为Z方向O平面，参考程序如下。

%0432	程序名
G90 G54 G00 X0 Y0 Z100	绝对坐标编程，调用G54坐标系，刀具快速定位到起始点
M03 S800	主轴正转，转速800r/min
G00 Z3	Z方向快速下刀
#1=0	定义角度变量#1，初值为0°
WHILE #1LE90	设定循环条件
#2=φ/2+R-r-R*SIN [#1*PI/180]	刀具动点的X坐标值（几何坐标系中）
#3=R-R*COS [#1*PI/180]	刀具动点的Z坐标值（几何坐标系中）
G01 X#2 Y0 F100	随着角度变化，刀具在XY面上不断偏移
G01 Z-#3 F60	刀具在Z方向不断下刀
G03 X#2 Y0 I-#2 J0 F100	XY面上圆弧插补
#1=#1+1	角度变量递增
ENDW	循环结束
G00 Z100	快速抬刀
M05	停主轴
M30	程序结束并复位

【例4-33】 平刀加工孔口凹圆角。已知孔口直径φ、孔口圆角半径R、平刀半径r，建立如图4-82所示几何模型，设定变量表达式：

#1=θ=0（θ从0°~90°，设定初始值#1=0）

#2=X=φ/2+R*SIN[#1*PI/180]-r

#3=Z=R*SIN[#1*PI/180]

编程时以工件上表面为Z方向O平面，参考程序如下。

%0433	程序名
G90 G54 G00 X0 Y0 Z100	绝对坐标编程，调用G54坐标系，刀具快速定位到起始点
M03 S800	主轴正转，转速800r/min

G00 Z3	Z方向快速下刀
#1=0	定义角度变量#1，初值为0°
WHILE #1LE90	设定循环条件
#2=ϕ/2+R*SIN[#1*PI/180]−r	刀具动点的X坐标值（几何坐标系中）
#3=R*SIN[#1*PI/180]	刀具动点的Z坐标值（几何坐标系中）
G01 X#2 Y0 F100	随着角度变化，刀具在XY面上不断偏移
G01 Z−#3 F60	刀具在Z方向不断下刀
G03 X#2 Y0 I−#2 J0 F100	XY面上圆弧插补
#1=#1+1	角度变量递增
ENDW	循环结束
G00 Z100	快速抬刀
M05	停主轴
M30	程序结束并复位

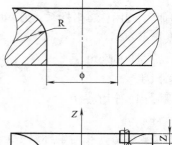
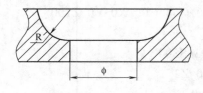

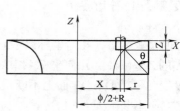
图4-81 平刀倒孔口凸圆角

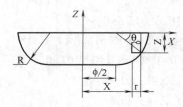
图4-82 平刀加工孔口凹圆角

【例4-34】 球刀倒孔口凸圆角。已知孔口直径ϕ、孔口圆角半径R、球刀半径r，建立如图4-83所示几何模型，设定变量表达式：

#1=θ=0（θ从0°～90°，设定初始值#1=0）

#2=X=ϕ/2+R−[R+r]*SIN[#1*PI/180]

#3=Z=R−[R+r]*COS[#1*PI/180]+r=[R+r]*[1−COS[#1*PI/180]]

编程时以工件上表面为Z方向O平面，参考程序如下：

%0434	程序名
G54 G00 X0 Y0 Z100	调用G54坐标系，刀具快速定位到起始点
M03 S800	主轴正转，转速800r/min
G00 Z3	Z方向快速下刀
#1=0	定义角度变量#1，初值为0°
WHILE #1LE90	设定循环条件
#2=ϕ/2+R−[R+r]*SIN[#1*PI/180]	刀具动点的X坐标值（几何坐标系中）
#3=[R+r]*[1−COS[#1*PI/180]]	刀具动点的Z坐标值（几何坐标系中）
G01 X#2 Y0 F100	随着角度变化，刀具在XY面上不断偏移

G01 Z-#3 F60	刀具在 Z 方向不断下刀
G03 X#2 Y0 I-#2 J0 F300	XY 面上圆弧插补
#1=#1+1	角度变量递增
ENDW	循环结束
G00 Z100	快速抬刀
M05	停主轴
M30	程序结束并复位

【例 4-35】 平刀倒孔口斜角。已知内孔直径 φ、倒角角度 θ、倒角深度 z_1，建立如图 4-84 所示几何模型，设定变量表达式：

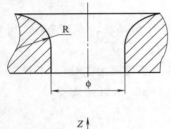

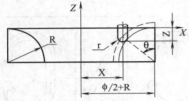

图 4-83 球刀倒孔口凸圆角 　　　　图 4-84 平刀倒孔口斜角

$\#1=Z=0$（Z 从 0 变化到 z_1，设定初始值 #1=0）

$\#2=X=\phi/2+z_1*COT[\theta*PI/180]-\#1*COT[\theta*PI/180]-r$

$\#3=Z=\#1$

编程时以工件上表面为 Z 方向 O 平面，程序如下：

%0435	程序名
G54 G00 X0 Y0 Z100	调用 G54 坐标系，刀具快速定位到起始点
M03 S800	主轴正转，转速 800r/min
G00 Z3	Z 方向快速下刀
#1=0	定义 Z 方向每次下降高度为变量 #1，初值为 0
WHILE #1LEz_1	设定循环条件
$\#2=\phi/2+z_1*COT\ [\theta*PI/180]-\#1*COT\ [\theta*PI/180]-r$	
	刀具动点的 X 坐标值（几何坐标系中）
#3=#1	刀具动点的 Z 坐标值（几何坐标系中）
#1=#1+0.5	下降高度变量递增
G01 X#2 Y0 F100	随着高度变化，刀具在 XY 面上不断偏移
G01 Z-#3 F60	刀具在 Z 方向不断下刀
G03 X#2 Y0 I-#2 J0 F100	XY 面上圆弧插补
ENDW	循环结束

G00 Z100   快速抬刀

M05   停主轴

M30   程序结束并复位

思考与训练

4-1　G90时的X10、Y20与G91时的X10、Y20有何区别？

4-2　为什么要进行刀具半径的补偿？刀具半径补偿的实现要分哪三大步骤？

4-3　刀具长度补偿有什么作用？什么是正向补偿？什么是负向补偿？

4-4　钻孔循环指令G73和G83有什么区别？

4-5　精镗孔循环指令G76在退刀前为什么要进行刀尖反向偏移，在FANUC 0i系统和HNC-21/22M系统中分别如何实现？

4-6　编写如图4-85、图4-86所示字母槽的加工程序。字槽深为2mm，字槽宽分别为3mm和5mm。编程原点在工件左下角，刀具分别为ϕ3mm和ϕ5mm键槽铣刀。

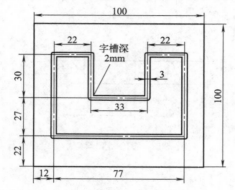

图4-85　字母槽铣削训练1

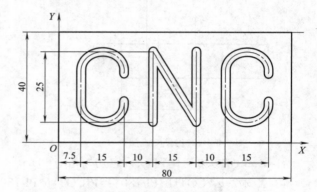

图4-86　字母槽铣削训练2

4-7　编写如图4-87所示零件外轮廓的精加工程序。使用刀具半径补偿，按顺时针路线走刀，刀具为ϕ10mm的立铣刀。主轴转速800r/min，下刀进给速度60mm/min，切削进给速度100mm/min。

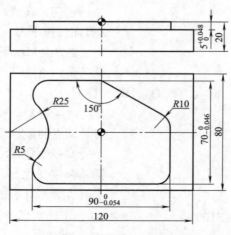

图4-87　外轮廓精加工编程训练

4-8 编写如图4-88所示零件内轮廓的精加工程序。使用刀具半径补偿，按顺时针路线走刀，刀具为ϕ10mm的立铣刀。主轴转速800r/min，下刀进给速度60mm/min，切削进给速度100mm/min。

4-9 编写如图4-89、图4-90所示轮廓槽的加工程序。毛坯分别如图所示，刀具为ϕ10mm的键槽铣刀，选择合适的切削参数。

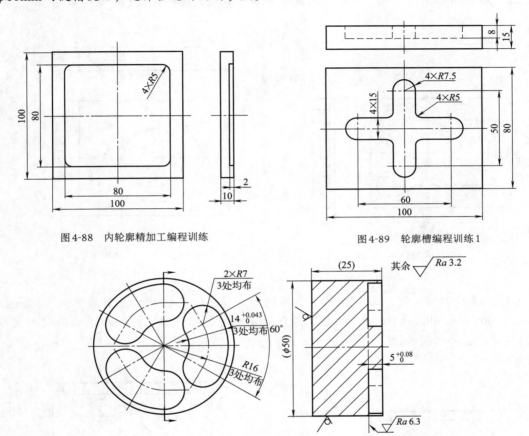

图4-88 内轮廓精加工编程训练

图4-89 轮廓槽编程训练1

图4-90 轮廓槽编程训练2

4-10 编写如图4-91所示零件（凸台）的加工程序。毛坯尺寸为96mm×80mm×20mm，刀具为ϕ10mm的立铣刀，选择合适的切削参数。

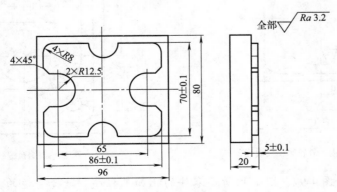

图4-91 外轮廓编程训练

4-11　编写如图4-92所示零件（凹腔）的加工程序，A、B、C、D四点的坐标分别为（30，9.506）、（35.091，16.958）、（16.958，35.091）、（9.506，30）。毛坯尺寸为100mm×100mm×20mm，刀具为φ10mm的键槽铣刀，选择合适的切削参数。

4-12　编写如图4-93、图4-94所示零件的加工程序。毛坯尺寸分别为100mm×80mm×15mm、80mm×80mm×18mm，刀具为φ10mm的键槽铣刀，选择合适的切削参数。

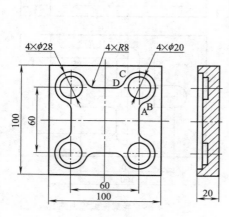

图4-92　内轮廓编程训练

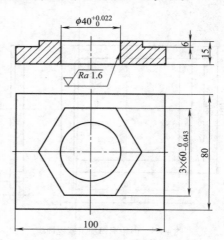

图4-93　内、外轮廓编程训练1

4-13　编写如图4-95、图4-96所示零件的加工程序。毛坯尺寸分别为70mm×70mm×25mm、100mm×100mm×23mm，所用刀具为φ10mm的键槽铣刀、φ10mm的钻头（手动换刀），选择合适的切削参数。

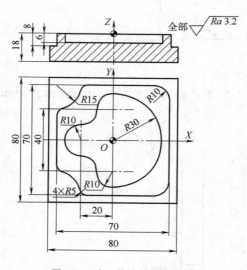

图4-94　内、外轮廓编程训练2

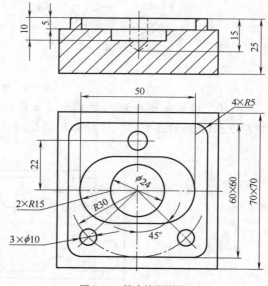

图4-95　综合编程训练1

4-14　编写如图4-97、图4-98所示零件的孔加工程序。选择合适的钻孔循环指令、刀具及其切削参数。

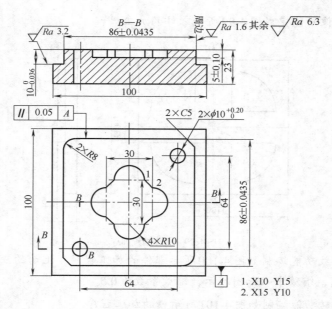

图 4-96 综合编程训练 2

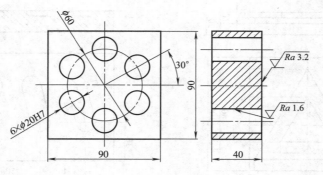

图 4-97 孔加工编程训练 1

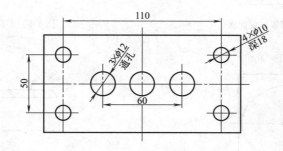

图 4-98 孔加工编程训练 2

4-15 FANUC 0i 系统和 HNC-21/22M 系统的镜像指令分别是什么，有何差异？

4-16 以 FANUC 0i 系统为例，请分别写出关于 X 轴、Y 轴镜像的编程指令。

4-17 使用镜像功能时，所调用子程序中的刀具半径补偿会不会发生变化，如何变化？

4-18 请写出华中 HNC-21/22M 系统的缩放编程格式，并说明各参数的具体含义。

4-19 请写出 FANUC 0i 系统的旋转编程格式，并说明各参数的具体含义。

4-20 使用镜像功能完成图4-99所示零件的加工编程。

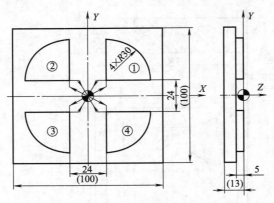

图4-99 镜像编程训练

4-21 使用缩放功能编制如图4-100所示零件的加工程序，上面的三角形台可由下面的三角形台缩放得到，缩放中心如图所示，缩放系数为0.5。

4-22 使用旋转功能编制如图4-101所示槽的加工程序。

4-23 使用宏程序功能编制如图4-102所示椭圆台的加工程序。

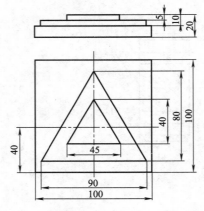

图4-100 缩放编程训练

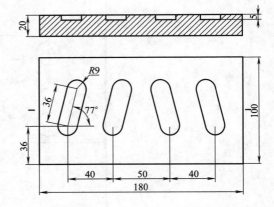

图4-101 旋转编程训练

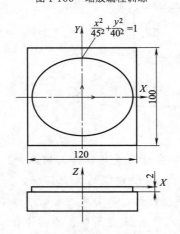

图4-102 宏程序编程训练1

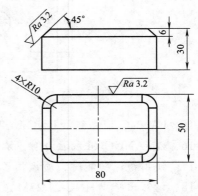

图4-103 宏程序编程训练2

4-24　使用宏程序功能编制如图4-103所示零件的倒角加工程序。

4-25　编制如图4-104所示零件的加工程序，其中椭圆部分使用宏程序功能编程。

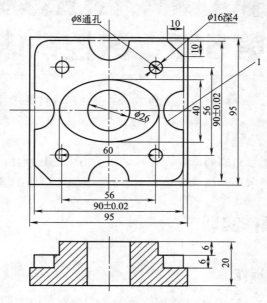

图4-104　宏程序编程训练3

第5章 数控铣床加工实训

【知识提要】 本章全面介绍数控铣床加工。主要包括数控铣床操作实训、数控铣床基本加工实训（平面加工、槽加工、凸台加工、内腔加工、孔加工）、数控铣床综合加工实训等内容。

【训练目标】 通过本章内容的学习，学习者应全面掌握数控铣床的基本操作、基本零件的编程及加工方法、综合零件的编程及加工方法，具备数控铣床的操作及使用技能。

5.1 数控铣床操作实训

5.1.1 数控铣床基本操作

配备 FANUC 0i Mate-MC 系统的数控铣床的基本操作可以参照 3.1.1 节，这里以配备华中系统（HNC）的数控铣床为例来阐述数控铣床的基本操作。

（1）急停

机床运行过程中在危险或紧急情况下按下"急停"按钮，CNC 即进入急停状态，伺服进给及主轴运转立即停止（工作控制柜内的进给驱动电源被切断），松开"急停"按钮（左旋此按钮，按钮将自动跳起），CNC 进入复位状态。

注意：①解除紧急停止前，先确认故障是否排除，且紧急停止解除后应重新执行回参考点操作，以确保坐标位置的正确。②在启动和退出系统之前应按下"急停"按钮，以保障人身财产安全。

（2）方式选择

机床的工作方式由手持单元和控制面板上的方式选择类按键共同决定。

方式选择类按键及其对应的机床工作方式如下：

① "自动" 自动运行方式；

② "单段" 单程序段执行方式；

③ "手动" 手动连续进给方式；

④ "增量" 增量/手摇脉冲发生器进给方式；

⑤ "回零" 返回机床参考点方式。

其中，按下"增量"按键时，视手持单元的坐标轴选择波段开关位置，对应两种机床工作方式：

① 波段开关置于"Off"挡 增量进给方式；

② 波段开关置于"Off" 挡之外 手摇脉冲发生器进给方式。

注意：①控制面板上的方式选择类按键互锁，即按下其中一个（指示灯亮），其余几个会失效（指示灯灭）。②系统启动复位后默认工作方式为"回零"。③当某一方式有效时，相应按键内指示灯亮。

（3）轴手动按键

"+X""-X""+Y""-Y""+Z""-Z"按键用于在手动连续进给、增量进给和返回机床参考点方式下，选择进给坐标轴和进给方向。

（4）速率修调

① 进给修调　在"自动"方式或"MDI"运行方式下，当F代码编程的进给速度偏高或偏低时，可用进给修调右侧的"100%"和"+""-"按键修调程序中编制的进给速度。

按压100%按键（指示灯亮），进给修调倍率被置为100%，按一下"+"按键，进给修调倍率递增5%，按一下"-"按键，进给修调倍率递减5%。

💡**注意：** 在手动连续进给方式下，这些按键可调节手动进给速度。

② 快速修调　在自动方式或MDI运行方式下，可用快速修调右侧的"100%"和"+""-"按键修调G00快速移动时系统参数"最高快移速度"设置的速度。

按压"100%"按键（指示灯亮），快速修调倍率被置为100%，按一下"+"按键，快速修调倍率递增2%，按一下"-"按键，快速修调倍率递减2%。

💡**注意：** 在手动连续进给方式下，这些按键可调节手动快移速度。

③ 主轴修调　在自动方式或MDI运行方式下，当S代码编程的主轴速度偏高或偏低时，可用主轴修调右侧的"100%"和"+""-"按键修调程序中编制的主轴速度。

按压"100%"按键（指示灯亮），主轴修调倍率被置为100%，按一下"+"按键，主轴修调倍率递增2%，按一下"-"按键，主轴修调倍率递减2%。

在手动方式时，这些按键可调节手动时的主轴速度。

💡**注意：** 机械齿轮换挡时主轴速度不能修调。

（5）回参考点

按一下"回零"按键（指示灯亮），系统处于手动回参考点方式，可手动返回参考点（下面以X轴回参考点为例说明）。

① 根据X轴"回参考点方向"参数的设置，按一下"+X"（回参考点方向为+X）按键；

② X轴将以"回参考点快移速度"参数设定的速度快进；

③ X轴碰到参考点开关后，将以"回参考点定位速度"参数设定的速度进给；

④ 当反馈元件检测到基准脉冲时，X轴减速停止，回参考点结束，此时"+X"按键内的指示灯亮。

用同样的操作方法使用"+Y""+Z"按键，可以使Y轴、Z轴回参考点。

同时按下"+X""+Y""+Z"按键，每次能使多个坐标轴返回参考点。

💡**注意：** ①在每次电源接通后，必须先用这种方法完成各轴的返回参考点操作，然后再进入其他运行方式，以确保各轴坐标的正确性。②在回参考点前，应确保回零轴位于参考点的"回参考点方向"相反侧，否则应手动移动该轴，直到满足此条件。

（6）手动进给

① 手动进给　按一下"手动"按键（指示灯亮），系统处于手动运行方式，可手动移动机床坐标轴（下面以手动移动X轴为例说明）。

a. 按压"+X"或"-X"按键（指示灯亮），X轴将产生正向或负向连续移动。

b. 松开"+X"或"−X"按键（指示灯灭），X 轴即减速停止。

用同样的操作方法使用"+Y""−Y""+Z""−Z"按键，可以使 Y 轴、Z 轴产生正向或负向连续移动。

💡**注意：**同时按压多个相容的轴"手动"按键，每次能手动连续移动多个坐标轴。在手动连续进给方式下进给速度为系统参数"最高快移速度"的1/3乘以进给修调选择的进给倍率。

② 手动快速移动　在手动连续进给时，若同时按压"快进"按键，则产生相应轴的正向或负向快速运动。

手动快速移动的速率为系统参数"最高快移速度"乘以快速修调选择的快移倍率。

（7）增量进给

① 增量进给　当手持单元的坐标轴选择波段开关置于Off挡时，按一下控制面板上的"增量"按键，指示灯亮，系统处于增量进给方式，可增量移动机床坐标轴（下面以增量进给X轴为例说明）。

a. 按一下"+X"或"−X"按键（指示灯亮），X 轴将向正向或负向移动一个增量值；

b. 再按一下"+X"或"−X"按键，X 轴将向正向或负向继续移动一个增量值。

用同样的操作方法使用"+Y""−Y""+Z""−Z""+4TH""−4TH"按键，可以使 Y 轴、Z 轴、4TH 轴向正向或负向移动一个增量值。

💡**注意：**同时按下多个相容的轴"手动"按键，每次能增量进给多个坐标轴。

② 增量值选择　增量进给的增量值由"×1""×10""×100""×1000"四个增量倍率按键控制，增量倍率按键和增量值的对应关系如表5-1所示。

表5-1　增量倍率按键和增量值的对应关系

增量倍率按键	×1	×10	×100	×1000
增量值/mm	0.001	0.01	0.1	1

💡**注意：**这几个按键互锁，即按下其中一个（指示灯亮），其余几个会失效（指示灯灭）。

（8）手摇进给

① 手摇进给　当手持单元的坐标轴选择波段开关置于"X""Y""Z""4TH"挡时，按一下控制面板上的"增量"按键（指示灯亮），系统处于手摇进给方式，可手摇进给机床坐标轴（下面以手摇进给X轴为例说明）。

a. 手持单元的坐标轴选择波段开关置于"X"挡；

b. 手动顺时针/逆时针旋转手摇脉冲发生器一格，X 轴将向正向或负向移动一个增量值。

用同样的操作方法使用手持单元可以使 Y 轴、Z 轴、4TH轴向正向或负向移动一个增量值。

💡**注意：**手摇进给方式每次只能增量进给1个坐标轴。

② 增量值选择　手摇进给的增量值（手摇脉冲发生器每转一格的移动量）由手持单元的增量倍率波段开关×1、×10、×100 控制，增量倍率波段开关的位置和增量值的对应关系见表5-2。

表5-2　增量倍率波段开关的位置和增量值的对应关系

位置	×1	×10	×100
增量值/mm	0.001	0.01	0.1

（9）自动运行

按一下"自动"按键，指示灯亮，系统处于自动运行方式，机床坐标轴的控制由CNC自动完成。

① 自动运行启动循环启动　自动运行方式时，在系统主菜单下按"F1"键进入自动加工子菜单，再按"F1"键选择要运行的程序，然后按一下循环启动按键（指示灯亮），自动加工开始。

💡**注意**：适用于自动运行方式的按键，同样适用于MDI运行方式和单段运行方式。

② 自动运行暂停—进给保持　在自动运行过程中，按一下"进给保持"按键（指示灯亮），程序执行暂停，机床运动轴减速停止。

暂停期间辅助功能M、主轴功能S、刀具功能T保持不变。

③ 进给保持后的再启动　在自动运行暂停状态下，按一下"循环启动"按键，系统将重新启动，从暂停前的状态继续运行。

④ 空运行　在自动运行方式下，按一下"空运行"按键（指示灯亮），CNC处于空运行状态，程序中编制的进给速率被忽略，坐标轴以最大快移速度移动。

💡**注意**：空运行不做实际切削，目的是检验切削路径及程序。在实际切削时应关闭此功能，否则可能会造成危险。此功能对螺纹切削无效。

⑤ 机床锁住　禁止机床坐标轴动作。

在自动运行开始前，按一下"机床锁住"按键（指示灯亮），再按"循环启动"按键，系统继续执行程序，显示屏上的坐标轴位置信息变化，但不输出伺服轴的移动指令，所以机床停止不动。这个功能用于校验程序。

💡**注意**：

即便是G28、G29功能，刀具也不运动到参考点；

机床辅助功能M、S、T仍然有效；

在自动运行过程中，按"机床锁住"按键，机床锁住无效；

在自动运行过程中，只在运行结束时，方可解除机床锁住状态；

每次执行此功能后，须再次进行回参考点操作。

Z轴锁住　禁止进刀。在自动运行开始前，按一下"Z轴锁住"按键，指示灯亮，再按"循环启动"按键，Z轴坐标位置信息变化，但Z轴不运动，因而主轴不运动。

（10）单段运行

按一下"单段"按键，系统处于单段自动运行方式，指示灯亮。程序控制将逐段执行。

① 按一下"循环启动"按键，运行一程序段，机床运动轴减速停止，刀具、主轴电机停止运行；

② 再按一下"循环启动"按键，又执行下一程序段，执行完毕后又再次停止。

💡**注意**：在单段运行方式下适用于自动运行的按键依然有效。

（11）超程解除

在伺服轴行程的两端各有一个极限开关，作用是防止伺服机构碰撞而损坏，每当伺服机构碰到行程极限开关时，就会出现超程。当某轴出现超程（"超程解除"按键内指示灯亮）时，系统视其状况为紧急停止，要退出超程状态时，必须进行以下操作：

① 置工作方式为手动或手摇方式；

② 一直按压着"超程解除"按键，控制器会暂时忽略超程紧急情况；

③ 在手动（手摇）方式下，使该轴向相反方向退出超程状态；

④ 松开"超程解除"按键。

若显示屏上运行状态栏中"运行正常"取代了"出错"，表示恢复正常，可以继续操作。

💡**注意**：在移回伺服机构时，请注意移动方向及移动速度，以免发生撞机。

（12）手动机床动作控制

① 主轴制动　在手动方式下，主轴为停止状态，按一下"主轴制动"按键，指示灯亮，主电机被锁定在当前位置。

② 主轴启停及速度选择　在手动方式下，当主轴制动无效时（指示灯灭）：

a. 按一下"主轴正转"按键（指示灯亮），主电机以机床参数设定的转速正转；

b. 按一下"主轴反转"按键（指示灯亮），主电机以机床参数设定的转速反转；

c. 按一下"主轴停止"按键（指示灯亮），主电机停止运转。

主轴正转及反转的速度可通过主轴修调调节。

💡**注意**：这几个按键互锁，即按下其中一个（指示灯亮），其余几个会失效（指示灯灭）。

③ 主轴定向　如果机床上有换刀机构，通常需要主轴有定向功能，这是因为换刀时主轴上的刀具必须完成定位，否则会损坏刀具或刀爪。在手动方式下，当主轴制动无效时（指示灯灭），按一下"主轴定向"按键，主轴立即执行主轴定向功能，定向完成后，按键内指示灯亮，主轴准确停止在某一固定位置。

④ 主轴冲动　在手动方式下，当"主轴制动"无效时（指示灯灭），按一下"主轴冲动"按键（指示灯亮），主电机以机床参数设定的转速和时间转动一定的角度。

⑤ 允许换刀　在手动方式下，按一下"允许换刀"按键（指示灯亮），允许刀具松/紧操作，再按一下为不允许刀具松/紧操作（指示灯灭），如此循环。

⑥ 刀具松/紧　在"允许换刀"有效时（指示灯亮），按一下"刀具松/紧"按键，松开刀具（默认值为夹紧），再按一下，夹紧刀具，如此循环。

⑦ 冷却开/停　在手动方式下，按一下"冷却开/停"按键，切削液开（默认值为切削液关），再按一下，切削液关，如此循环。

5.1.2　数控铣床对刀操作

（1）对刀原理

前面介绍了机床原点、编程原点（工件原点）以及加工原点的确定。对刀的目的就是找出零件被装夹好后，相应的编程原点在机床坐标系中的坐标位置。此时编程原点就变为加工原点。在加工过程中，数控机床是按照工件装夹好后的加工原点及程序要求进行自动加工的。

（2）对刀方法

对刀的方法很多，这里介绍常用的试切法对刀，以图5-1为例，取工件上表面的中心为编程原点。对刀步骤如下：

① 机床回参考点。其目的是建立机床坐标系。

② 确定工件的编程原点在机床坐标系中的坐标值（*X*、*Y*、*Z*）。

a. *X*方向对刀　如图5-2所示，将刀具靠近毛坯的左侧，慢速移动*X*轴试切。当切屑刚刚飞出的瞬间，立即停止坐标轴移动，读取机床CRT屏显示的*X*坐标值（此值为刀具中心所在的*X*轴坐标位置），记为 X_1；数据记录后，抬起*Z*轴，将机床反向移开，移动到工件右侧，用同样的方法得到 X_2；则工件上表

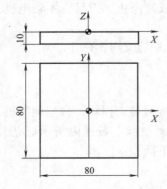

图5-1　数控铣床对刀

面中心X的坐标为$(X_1+X_2)/2$的值。

    b. Y方向对刀　如图5-3所示，将刀具靠近毛坯的前侧，慢速移动Y轴试切。当切屑刚刚飞出的瞬间，立即停止坐标轴移动，读取机床CRT界面中的Y坐标值（此值为刀具中心所在的Y轴坐标位置），记为 Y_1；数据记录后，抬起Z轴，将机床反向移开，移动到工件后侧，用同样的方法得到Y_2；则工件上表面中心Y的坐标为$(Y_1+Y_2)/2$的值。

图5-2　X方向对刀

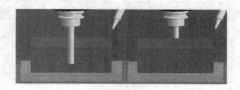
图5-3　Y方向对刀

    c. Z方向对刀　完成X、Y方向对刀后，如图5-4所示，移动Z轴，将刀具靠近毛坯的上表面，当有切屑飞出的瞬间，读取机床CRT屏显示的Z值。

    通过对刀得到的坐标值(X,Y,Z)即为工件坐标系原点在机床坐标系中的坐标值。

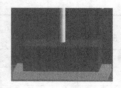
图5-4　Z方向对刀

    ③ 在G54坐标系中输入得到的X、Y、Z坐标值。

    💡注意：若编程时Z轴运用刀具长度补偿功能，则对刀得到的Z值输入到刀补表的长度补偿中，而G54中的Z坐标设为0；若编程时运用的是坐标系功能，则对刀得到的Z值直接输入到G54的Z坐标中。

5.2　数控铣床基本加工实训

5.2.1　平面加工

    【例5-1】　加工如图5-5所示零件的上表面及台阶面（其余表面已加工）。毛坯为100mm×80mm×32mm长方块，材料为45钢。

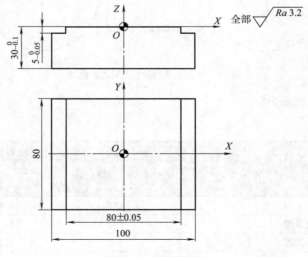
图5-5　平面铣削零件

(1) 加工工艺制定

① 分析零件图样　该零件包含了平面、台阶面的加工，尺寸精度约为IT10，表面粗糙度全部为*Ra*3.2μm，没有形位公差的要求，整体加工要求不高。

② 工具、量具、刀具的选择　工具、量具的具体选择见表5-3，刀具的选择见表5-4。

表5-3　工具、量具的选择

种类	序号	名称	规格	精度	数量
工具	1	平口钳	QH135		1
	2	扳手			1
	3	平行垫铁			1
	4	塑胶锤子			1
量具	1	百分表及表座	0～10mm	0.01mm	1
	2	游标卡尺	0～150mm	0.02mm	1

表5-4　数控加工刀具卡

序号	刀具号	刀具规格名称	数量	加工面
1	T01	端铣刀（8齿）	1	粗、精铣上表面
2	T02	立铣刀（3齿）	1	粗、精铣台阶面

③ 加工工艺方案

a. 加工方法　根据图样加工要求，上表面的加工方案采用端铣刀粗铣→精铣完成，台阶面用立铣刀粗铣→精铣完成。

b. 装夹方案　加工上表面、台阶面时，可选用平口钳装夹，工件上表面高出钳口10mm左右。

c. 进给路线确定　铣削上表面时的刀具进给路线如图5-6所示。

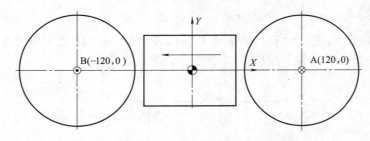

图5-6　铣削上表面时的刀具进给路线

具体的加工工序见表5-5。

表5-5　数控加工工序卡

工步号	工步内容	刀具号	切削用量		
			主轴转速/ （r/min）	进给速度/ （mm/min）	背吃刀量/ mm
1	粗铣上表面	T01	250	300	1.5
2	精铣上表面	T01	400	150	0.5
3	粗铣台阶面	T02	350	100	4.5
4	精铣台阶面	T02	450	80	0.5

（2）程序编制

① 工件坐标系的建立　以图5-5所示的上表面中心作为G54工件坐标系原点。

② 基点坐标计算　铣削上表面的基点坐标分别为A（120，0）、B（-120，0）。

③ 参考程序

a. 上表面加工　上表面加工使用ϕ125mm8齿端铣刀，参考程序如下。

O0051；	程序名
N10 G90 G54 G00 X120. Y0；	建立工件坐标系，快速定位至下刀位置
N20 M03 S250；	启动主轴正转，转速250r/min
N30 Z50. M08；	快速下刀至安全高度，同时打开切削液
N40 G00 Z5.；	快速接近工件
N50 G01 Z0.5 F100；	下刀至Z0.5
N60 X-120. F300；	粗加工上表面
N70 Z0 S400；	下刀至Z0，主轴转速400r/min
N80 X120 F150；	精加工上表面
N90 G00 Z50. M09；	Z向抬刀至安全高度，并关闭切削液
N100 M05；	主轴停
N110 M30；	程序结束并复位

b. 台阶面加工　台阶面加工使用ϕ20mm3齿立铣刀，参考程序如下。

O0001；	程序名
N10 G90 G54 G00 X-50.5 Y-60.；	建立工件坐标系，快速定位至下刀位置
N20 M03 S350；	启动主轴正转，转速350r/min
N30 Z50. M08；	快速下刀至安全高度，同时打开切削液
N40 G00 Z5.；	快速接近工件
N50 G01 Z-4.5 F100；	下刀至Z-4.5
N60 Y60.；	粗铣左侧台阶
N70 G00 X50.5；	快进至右侧台阶起刀位置
N80 G01 Y-60.；	粗铣右侧台阶
N90 Z-5. S450；	下刀至Z-5，主轴转速450r/min
N100 X50.；	进给至右侧台阶起刀位置
N110 Y60. F80；	精铣右侧台阶
N120 G00 X-50.；	快进至左侧台阶起刀位置
N130 G01 Y-60.；	精铣左侧台阶
N140 G00 Z50. M09；	Z向抬刀至安全高度，并关闭切削液
N150 M05；	主轴停
N160 M30；	程序结束并复位

（3）加工操作

① 检查毛坯尺寸。

② 开机、回参考点。

③ 程序输入及校验。把编写好的数控程序输入数控系统，并通过图形模拟功能进行程序校验，检查程序是否存在语法和逻辑错误及刀具轨迹的正确性，确保程序无任何语法和逻辑错误、刀具轨迹正确。

④ 工件装夹。将工件放在平口钳上校正并夹紧，注意零件的加工部位要高于钳口，不能影响加工。

⑤ 刀具装夹。选用ϕ125mm8齿端铣刀和ϕ20mm3齿立铣刀，并将铣刀装入弹簧夹头中夹紧，然后根据需要依次将刀柄装入铣床主轴上，完成手动换刀。

⑥ 对刀操作。按照前面讲述的对刀方法完成对刀操作，设置好G54工件坐标系。

⑦ 零件自动加工。在程序输入及校验、工件及刀具装夹、对刀这些操作均完成并确保没任何问题后，选择ATUO工作模式，打开程序，调好进给倍率，按下循环启动按钮，开始自动加工零件。

⑧ 零件检验。零件加工完成后，对照图纸进行检查，检查合格后方可拆下零件。

5.2.2 槽加工

【例5-2】 完成如图5-7所示板类零件表面字母的加工，毛坯为80mm×80mm×15mm长方块，材料为硬铝2A12。

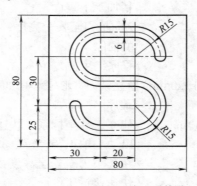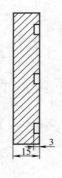

图5-7 加工零件图

（1）加工工艺制定

① 任务分析 该零件结构简单，只需在零件的上表面加工一个深度为3mm的英文字母"S"，加工部位无特殊的精度要求。

② 工具、量具、刀具的选择 工具、量具、刀具的具体选择见表5-6。

表5-6 工具、量具、刀具的选择

种类	序号	名称	规格	精度	数量
工具	1	平口钳	QH135		1
	2	扳手			1
	3	平行垫铁			1
	4	塑胶锤子			1
量具	1	百分表及表座	0~25mm	0.01mm	1
	2	游标卡尺	0~150mm	0.02mm	1
	3	深度游标卡尺	0~200mm	0.02mm	1
刀具	1	ϕ6mm键槽铣刀			1

③ 加工工艺方案

a. 加工方法 根据图样加工要求，字母槽可用ϕ6mm键槽铣刀一次性连续铣削完成，直接按字母槽中心轨迹编程，不需要进行刀具半径补偿。

b. 装夹方案 选用平口钳装夹工件，工件上表面高出钳口10mm左右（也可以不高出钳口）。

c. 进给路线确定 选择P点为下刀点，具体进给路线如图5-8所示。

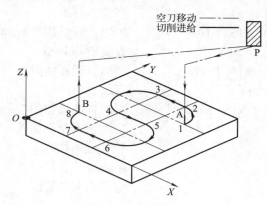

图5-8 进给路线

d. 切削用量选择 加工材料为硬铝，硬度低，切削力小，主轴转速可选得较高，字深3mm，一次下刀至切削深度。具体参数设置如下：

主轴转速：1000r/mm。

进给速度：垂直下刀进给速度为70mm/min；工件正常切削时进给速度为100mm/min。

具体的加工工序见表5-7。

表5-7 数控加工工序卡

工步号	工步内容	刀具号	切削用量		
			主轴转速/ （r/min）	进给速度/ （mm/min）	背吃刀量/ mm
1	铣削字母槽	T01	1000	70、100	3

（2）程序编制

① 工件坐标系的建立 此任务工件坐标系的原点选在工件上表面的左下角，遵循基准重合的原则。

② 基点坐标的计算 编程时各个基点坐标见表5-8。

表5-8 基点坐标

基点	坐标	基点	坐标
1	（65,55）	5	（50,40）
2	（50,70）	6	（50,10）
3	（30,70）	7	（30,10）
4	（30,40）	8	（15,25）

③ 参考程序

O0052; 程序名

N10 G54 G90 G00 X65. Y55. Z100.;

快速定位到G54坐标系下1点上方，初始平面为Z100

N20 M03 S1000; 启动主轴正转，转速1000r/min

N30 G00 Z5.;	快速定位到安全平面 Z5
N40 G01 Z–3. F70;	以 F70 的速度下刀至工作深度 Z–3
N50 G03 X50. Y70. R15. F100;	逆时针圆弧切削 1→2
N60 G01 X30. Y70.;	直线插补 2→3
N70 G03 X30. Y40. R15. F100;	逆时针圆弧切削 3→4
N80 G01 X50. Y40.;	直线插补 4→5
N90 G02 X50. Y10. R15. F100;	顺时针圆弧切削 5→6
N100 G01 X30. Y10.;	直线插补 6→7
N110 G02 X15. Y25. R15. F100;	顺时针圆弧切削 7→8
N120 G01 Z5.;	抬刀至安全平面
N130 G00 Z100.;	快速返回初始平面
N140 M05;	主轴停
N150 M30;	程序结束并复位

(3) 加工操作

① 检查毛坯尺寸。

② 开机、回参考点。

③ 程序输入及校验。把编写好的数控程序输入数控系统，并通过图形模拟功能进行程序校验，检查程序是否存在语法和逻辑错误及刀具轨迹的正确性，确保程序无任何语法和逻辑错误、刀具轨迹正确。

④ 工件装夹。将工件放在平口钳上校正并夹紧，注意零件的加工部位要高于钳口，不能影响加工。

⑤ 刀具装夹。选用 ϕ6mm 键槽铣刀，并将铣刀装入弹簧夹头中夹紧，然后将刀柄装入铣床主轴上，完成手动换刀。

⑥ 对刀操作。按照前面讲述的对刀方法完成对刀操作，设置好 G54 工件坐标系。

⑦ 零件自动加工。在程序输入及校验、工件及刀具装夹、对刀这些操作均完成并确保没任何问题后，选择 ATUO 工作模式，打开程序，调好进给倍率，按下循环启动按钮，开始自动加工零件。

⑧ 零件检验。零件加工完成后，对照图纸进行检查，检查合格后方可拆下零件。

5.2.3 凸台加工

【例 5-3】 完成如图 5-9 所示凸台的铣削加工，毛坯尺寸为 120mm×90mm×16mm，材料为硬铝 2A12。

(1) 加工工艺制定

① 任务分析　零件材料为硬铝 2A12，切削性能较好。加工部位为厚度 3mm 的凸台外轮廓。轮廓形状由 R40 凹圆弧段、R15 凸圆弧段、8 段直线构成。精度要求不高，考虑到编程方便，采用刀具半径补偿功能。

② 工具、量具、刀具的选择　工具、量具、刀具的具体选择见表 5-9。

表 5-9　工具、量具、刀具的选择

种类	序号	名称	规格	精度	数量
工具	1	平口钳	QH135		1
	2	扳手			1

续表

种类	序号	名称	规格	精度	数量
工具	3	平行垫铁			1
	4	塑胶锤子			1
量具	1	百分表及表座	0～10mm	0.01mm	1
	2	游标卡尺	0～150mm	0.02mm	1
	3	深度游标卡尺	0～200mm	0.02mm	1
刀具	1	$\phi20$mm 立铣刀	$\phi20$mm		1

③ 加工工艺方案

a. 装夹方案　选用平口钳装夹工件，工件上表面高出钳口 10mm 左右。

b. 下刀方式　对于零件外轮廓加工，刀具的下刀点选在零件轮廓外侧，距离应大于刀具半径，如图 5-10 所示。

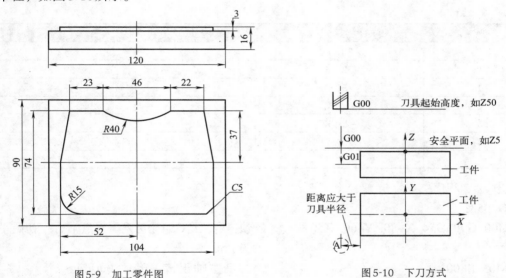

图 5-9　加工零件图

图 5-10　下刀方式

c. 铣削路线　如图 5-11 所示，刀具由 A 点运行至 P 点（轨迹的延长线上）建立刀具半径补偿，然后按 P→1→2→3→4→5→6→7→8→9→10 的顺序铣削加工。轮廓加工结束后，圆弧切出到 11 点（圆弧半径根据情况决定，本例取圆弧半径为 R20），再取消刀具半径补偿回到 A 点。

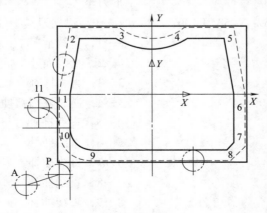

图 5-11　铣削路线

具体的加工工序见表5-10。

表5-10 数控加工工序卡

工步号	工步内容	刀具号	刀具偏置号	切削用量		
				主轴转速/ （r/min）	进给速度/ （mm/min）	背吃刀量/ mm
1	铣削外轮廓	T01	H01、D01	800	100	3

（2）程序编制

① 工件坐标系的建立　此任务工件坐标系的原点选在工件上表面的中心，遵循基准重合的原则。

② 基点坐标的计算　编程时各个基点坐标见表5-11。

表5-11 基点坐标

基点	坐标	基点	坐标
O	−80,−60	6	52,0
P	−52,−53	7	52,−32
1	−52,0	8	47,−37
2	−46,37	9	−37,−37
3	−23,37	10	−52,−22
4	23,37	11	−72,−2
5	45,37		

③ 参考程序

O0053;

G00 G90 G54 X−80. Y−60. Z50.;　　快速定位到G54坐标系下A点上方，初始平面为Z50

M03 S800;　　启动主轴正转，转速800r/min

M08;　　开切削液

G43 Z5. H01;　　快速下刀至安全平面Z5，建立刀具长度正向补偿

G01 Z−3. F200;　　下刀至Z−3

G01 G41 D01 X−52. Y−53. F100;　　A→P，建立刀具半径左向补偿

X−52. Y0;　　P→1，直线插补

X−46. Y37.;　　1→2，直线插补

X−23. Y37. ;　　2→3，直线插补

G03 X23. Y37. R40.;　　3→4，逆时针圆弧插补

G01 X45. Y37.;　　4→5，直线插补

X52. Y0;　　5→6，直线插补

X52. Y−32.;　　6→7，直线插补

X47. Y−37.;　　7→8，直线插补

X−37. Y−37.;　　8→9，直线插补

G02 X−52. Y−22. R15.;　　9→10，顺时针圆弧插补

G03 X–72. Y–2. R20.;	10→11，逆时针圆弧切向切出
G01 G40 X–80. Y–60. F200;	11→A，取消刀具半径左向补偿
G01 Z5. F200;	抬刀至安全平面Z5
M09;	关切削液
G49 G00 Z100.;	取消刀具长度正向补偿
M05;	主轴停
M30;	程序结束并复位

（3）加工操作

① 检查毛坯尺寸。

② 开机、回参考点。

③ 程序输入及校验。把编写好的数控程序输入数控系统，并通过图形模拟功能进行程序校验，检查程序是否存在语法和逻辑错误及刀具轨迹的正确性，确保程序无任何语法和逻辑错误、刀具轨迹正确。

④ 工件装夹。将工件放在平口钳上校正并夹紧，注意零件的加工部位要高于钳口，不能影响加工。

⑤ 刀具装夹。选用 ϕ20mm3 齿立铣刀，并将铣刀装入弹簧夹头中夹紧，然后将刀柄装入铣床主轴上，完成手动换刀。

⑥ 对刀操作。按照前面讲述的对刀方法完成对刀操作，设置好G54工件坐标系。

⑦ 零件自动加工。在程序输入及校验、工件及刀具装夹、对刀这些操作均完成并确保没任何问题后，选择ATUO工作模式，打开程序，调好进给倍率，按下循环启动按钮，开始自动加工零件。

⑧ 零件检验。零件加工完成后，对照图纸进行检查，检查合格后方可拆下零件。

5.2.4　内腔加工

【例5-4】 完成如图 5-12 所示零件的内腔铣削加工，毛坯尺寸为80mm×80mm×15mm，材料为硬铝2A12。

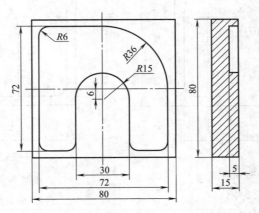

图5-12　加工零件图

（1）加工工艺制定

① 任务分析　零件材料为硬铝2A12，切削性能较好。加工部位为厚度5mm的内腔。轮廓形状由R36凹圆弧段、R15凸圆弧段、5段R6凹圆弧段及直线段构成。精度要求不高，

粗加工按照刀具中心轨迹编程，考虑到编程方便，精加工按照零件轮廓编程，采用刀具半径补偿功能。

② 工具、量具、刀具的选择　工具、量具、刀具的具体选择见表5-12。

表5-12　工具、量具、刀具的选择

种类	序号	名称	规格	精度	数量
工具	1	平口钳	QH135		1
	2	扳手			1
	3	平行垫铁			1
	4	塑胶锤子			1
量具	1	百分表及表座	0～10mm	0.01mm	1
	2	游标卡尺	0～150mm	0.02mm	1
	3	深度游标卡尺	0～200mm	0.02mm	1
刀具	1	ϕ20mm键槽铣刀	ϕ20mm		1
	2	ϕ12mm立铣刀	ϕ12mm		1

③ 加工工艺方案

a. 装夹方案　选用平口钳装夹工件，工件上表面高出钳口10mm左右（也可以不用高出钳口）。

b. 铣削路线　粗加工铣削路线如图5-13所示。粗加工刀具为键槽铣刀，可在1点垂直下刀切入工件，然后按1→2→3→4→5顺序铣削加工。

精加工铣削路线如图5-14所示。刀具由1点运行至2点建立刀具半径补偿，然后按2→3→4→5→6→7→8→9→10→11→12→13→14→15→2顺序铣削加工，再取消半径补偿到达1点。

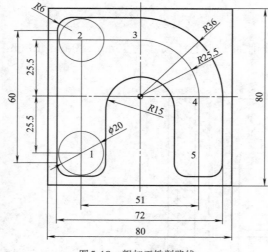

图5-13　粗加工铣削路线　　　　　图5-14　精加工铣削路线

具体的加工工序见表5-13。

表5-13　数控加工工序卡

工步号	工步内容	刀具号	刀具偏置号	切削用量		
				主轴转速/ (r/min)	进给速度/ (mm/min)	背吃刀量 /mm
1	粗铣内轮廓	T01	H01	800	50、100	5

工步号	工步内容	刀具号	刀具偏置号	切削用量		
				主轴转速/ (r/min)	进给速度/ (mm/min)	背吃刀量 /mm
2	精铣内轮廓	T02	H02、D02	1000	100	5

(2) 程序编制

① **工件坐标系的建立** 此任务工件坐标系的原点选在工件上表面的中心，遵循基准重合的原则。

② **基点坐标的计算** 编程时粗加工及精加工的基点坐标分别见表5-14、表5-15。

表5-14 粗加工基点坐标

基点	坐标	基点	坐标
1	(−25.5,−25.5)	4	(25.5,0)
2	(−25.5,25.5)	5	(25.5,−25.5)
3	(0,25.5)		

表5-15 精加工基点坐标

基点	坐标	基点	坐标
1	(25.5,−25.5)	9	(−36,−30)
2	(21,−36)	10	(−30,−36)
3	(30,−36)	11	(−21,−36)
4	(36,−30)	12	(−15,−30)
5	(36,0)	13	(−15,−6)
6	(0,36)	14	(15,−6)
7	(−30,36)	15	(15,−30)
8	(−36,30)		

③ **参考程序**

a. **粗加工** 粗加工使用ϕ20mm键槽铣刀，参考程序如下。

O0054;	
G54 G00 G90 X−25.5 Y−25.5 Z50.;	快速定位到G54坐标系下1点上方，初始平面为Z50
M03 S800;	启动主轴正转，转速800r/min
G00 G43 H01 Z5.;	快进至安全平面Z5，建立刀具长度正向补偿（1号刀为标刀，补偿值为0）
G01 Z−5. F50;	下刀至Z−5
X−25.5 Y25.5 F100;	1→2，直线插补
X0 Y25.5;	2→3，直线插补
G02 X25.5 Y0 R25.5;	3→4，顺时针圆弧插补
G01 X25.5 Y−25.5;	4→5，直线插补
G01 Z5.;	抬刀至安全平面Z5
G00 G49 Z50.;	快速抬刀至初始平面，取消刀具长度正向补偿
M05;	主轴停

M30;	程序结束并复位

b. 精加工　粗加工使用ϕ12mm立铣刀，参考程序如下。

O0001;	
G54 G00 G90 X25.5 Y–25.5 Z50.;	快速定位到G54坐标系下1点上方，初始平面为Z50
M03 S1000;	启动主轴正转，转速1000r/min
G00 G43 H02 Z5.;	快进至安全平面Z5，建立刀具长度正向补偿
G01 Z–5. F100;	下刀至Z–5
G41 D02 G01 X21. Y–36.;	1→2，建立刀具半径左向补偿
G01 X30. Y–36.;	2→3，直线插补
G03 X36. Y–30. R6.;	3→4，逆时针圆弧插补
G01 X36. Y0;	4→5，直线插补
G03 X0 Y36. R36.;	5→6，逆时针圆弧插补
G01 X–30. Y36.;	6→7，直线插补
G03 X–36. Y30. R6.;	7→8，逆时针圆弧插补
G01 X–36. Y–30.;	8→9，直线插补
G03 X–30. Y–36. R6.;	9→10，逆时针圆弧插补
G01 X–21. Y–36.;	10→11，直线插补
G03 X–15. Y–30. R6.;	11→12，逆时针圆弧插补
G01 X–15. Y–6.;	12→13，直线插补
G03 X15. Y–6. R15.;	13→14，顺时针圆弧插补
G01 X15. Y–30.;	14→15，直线插补
G03 X21. Y–36. R6.;	15→2，逆时针圆弧插补
G01 G40 X25.5 Y–25.5;	2→1，取消刀具半径左向补偿
G01 Z5.;	抬刀至安全平面Z5
G00 G49 Z50.;	快速抬刀至初始平面，取消刀具长度正向补偿
M05;	主轴停
M30;	程序结束并复位

（3）加工操作

① 检查毛坯尺寸。

② 开机、回参考点。

③ 程序输入及校验。把编写好的数控程序输入数控系统，并通过图形模拟功能进行程序校验，检查程序是否存在语法和逻辑错误及刀具轨迹的正确性，确保程序无任何语法和逻辑错误、刀具轨迹正确。

④ 工件装夹。将工件放在平口钳上校正并夹紧，注意零件的加工部位要高于钳口，不能影响加工。

⑤ 刀具装夹。选用ϕ20mm键槽铣刀和ϕ12mm的立铣刀，并将铣刀装入弹簧夹头中夹紧，然后根据需要依次将刀柄装入铣床主轴上，完成手动换刀。

⑥ 对刀操作。按照前面讲述的对刀方法完成对刀操作，设置好G54工件坐标系。

⑦ 零件自动加工。在程序输入及校验、工件及刀具装夹、对刀这些操作均完成并确保没任何问题后，选择ATUO工作模式，打开程序，调好进给倍率，按下循环启动按钮，开始

自动加工零件。

⑧ 零件检验。零件加工完成后，对照图纸进行检查，检查合格后方可拆下零件。

5.2.5　孔加工

【例5-5】　完成如图5-15所示孔类零件的加工，毛坯为100mm×100mm×20mm长方块，材料为硬铝2A12。

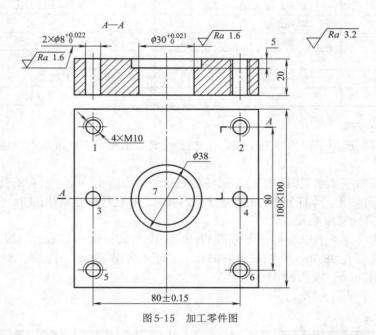

图5-15　加工零件图

(1) 加工工艺制定

① **任务分析**　加工部位为尺寸精度和表面粗糙度要求较高的2×ϕ8mm孔、ϕ30mm孔，还有4个M10的螺纹孔、ϕ38mm沉孔。该任务主要涉及钻削、镗削、铰削、攻螺纹等孔加工编程及工艺知识。

② **工具、量具、刀具的选择**　工具、量具的具体选择见表5-16，刀具的选择见表5-17。

表5-16　工具、量具的选择

种类	序号	名称	规格	精度	数量
工具	1	平口钳	QH135		1
	2	扳手			1
	3	平行垫铁			1
	4	塑胶锤子			1
量具	1	百分表及表座	0～10mm	0.01mm	1
	2	游标卡尺	0～150mm	0.02mm	1
	3	深度游标卡尺	0～200mm	0.02mm	1

表5-17　数控加工刀具卡

序号	刀具号	刀具规格名称	数量	加工面
1	T01	ϕ3mm中心钻	1	钻中心孔

序号	刀具号	刀具规格名称	数量	加工面
2	T02	ϕ28mm 锥柄麻花钻	1	钻 ϕ30H7mm 底孔
3	T03	ϕ29.5mm 扩孔钻	1	扩孔
4	T04	ϕ38mm 双刃镗刀	1	镗 ϕ38mm 孔
5	T05	ϕ8.5mm 麻花钻	1	钻螺纹底孔
6	T06	ϕ7.5mm 麻花钻	1	钻 ϕ8H8 底孔 mm
7	T07	ϕ7.9mm 扩孔钻	1	扩孔
8	T08	倒角刀	1	螺纹孔口倒角
9	T09	M10 丝锥	1	攻螺纹
10	T10	ϕ30mm 精镗刀	1	精镗 ϕ30H7mm
11	T11	ϕ8mm 铰刀	1	铰孔 ϕ8H8mm

③ 加工工艺方案

a. 装夹方案 选用平口钳装夹工件，工件上表面高出钳口 10mm 左右（也可以不用高出钳口）。

b. 确定加工顺序 加工顺序按照先粗后精的原则，为防止钻偏，所有的孔均先用中心钻钻中心孔，然后再钻孔。本任务中孔的精度无太高要求，在使用中心钻钻孔时，按照 1→2→4→3→5→6 的加工路线钻中心孔。

加工顺序为：钻 6 个中心孔→钻 ϕ30H7mm 底孔为 ϕ28mm→扩孔至 ϕ29.5mm→镗沉孔 ϕ38mm→钻螺纹底孔 ϕ8.5mm→钻底孔 ϕ8H8mm→扩孔至 ϕ7.9mm→螺纹孔口倒角→攻螺纹 M10→精镗 ϕ30H7mm→铰孔 ϕ8H8mm。

具体加工工序见表 5-18。

表 5-18 数控加工工序卡

工步号	工步内容	刀具号	切削用量		
			主轴转速/ (r/min)	进给速度/ (mm/min)	背吃刀量/mm
1	钻中心孔	T01	1200	50	
2	钻底孔 ϕ30H7mm	T02	300	70	
3	扩孔	T03	320	60	
4	镗孔 ϕ38mm	T04	450	40	
5	钻螺纹底孔	T05	780	80	
6	钻 ϕ8H8mm 底孔	T06	800	70	
7	扩孔	T07	700	60	
8	螺纹孔口倒角	T08	500	40	
9	攻螺纹	T09	100	150	
10	精镗 ϕ30H7mm	T10	500	30	
11	铰孔 ϕ8H8mm	T11	100	30	

（2）程序编制

① 工件坐标系的建立 此任务工件坐标系的原点选在工件上表面中心。

② 参考程序 本例题用到的刀具很多，根据 5.1.2 节讲述的对刀方法，可用一把刀作为标刀进行对刀，并设置 G54 坐标系，其他刀具相对标刀加长度补偿即可（为了编程统一，标刀也可加长度补偿，但补偿值为 0），不用每把刀都进行对刀。换刀动作手动完成。以

FANUC 0i系统格式编程。

    a. 钻中心孔程序，刀具为φ3mm中心钻

O0001;

N10 G54 G90 G00 X0 Y0 Z100.;	快速定位到G54坐标系原点上方Z100处
N20 M03 S1200;	启动主轴正转，转速1200r/min
N30 G43 Z50. H01;	快进至初始平面Z50，建立刀具长度正向补偿
N40 G99 G81 X-40. Y40. Z-5. R5. F50;	
	钻孔循环，1#孔位置点窝
N50 X40.;	2#孔位置点窝
N60 Y0;	4#孔位置点窝
N70 X-40.;	3#孔位置点窝
N80 Y-40.;	5#孔位置点窝
N90 X40.;	6#孔位置点窝
N100 G49 G80;	取消刀具长度补偿，取消孔加工循环
N110 G28 G91 X0 Y0 Z0;	机床返回参考点
N120 M05;	停主轴
N130 M30;	程序结束并复位

    b. 钻7号孔程序，刀具为φ28mm锥柄麻花钻

O0002;

N10 G54 G90 G00 X0 Y0 Z100.;	快速定位到G54坐标系原点上方Z100处
N20 M03 S300;	启动主轴正转，转速300r/min
N30 G43 Z50. H02;	快进至初始平面Z50，建立刀具长度正向补偿
N40 G99 G81 X0 Y0 Z-25. R5. F70;	钻孔循环
N50 G49 G80;	取消刀具长度补偿，取消孔加工循环
N60 G28 G91 X0 Y0 Z0;	机床返回参考点
N70 M05;	停主轴
N80 M30;	程序结束并复位

    c. 扩7号孔程序，刀具为φ29.5mm扩孔钻

O0003;

N10 G54 G90 G00 X0 Y0 Z100.;	快速定位到G54坐标系原点上方Z100处
N20 M03 S320;	启动主轴正转，转速320r/min
N30 G43 Z50. H03;	快进至初始平面Z50，建立刀具长度正向补偿
N40 G99 G81 X0 Y0 Z-25. R5. F60;	用钻孔循环进行扩孔
N50 G49 G80;	取消刀具长度补偿，取消孔加工循环
N60 G28 G91 X0 Y0 Z0;	机床返回参考点
N70 M05;	停主轴
N80 M30;	程序结束并复位

    d. 镗7号沉孔程序，刀具为φ38mm双刃镗刀

O0004;

N10 G54 G90 G00 X0 Y0 Z100.;	快速定位到G54坐标系原点上方Z100处
N20 M03 S450;	启动主轴正转，转速450r/min

N30 G43 Z50. H04;　　　　　　　　　　快进至初始平面Z50，建立刀具长度正向补偿

N40 G99 G82 X0 Y0 Z-5. R5. P2000 F40;

　　　　　　　　　　　　　　　　　　镗孔循环

N50 G49 G80;　　　　　　　　　　　　取消刀具长度补偿，取消孔加工循环

N60 G28 G91 X0 Y0 Z0;　　　　　　　机床返回参考点

N70 M05;　　　　　　　　　　　　　　停主轴

N80 M30;　　　　　　　　　　　　　　程序结束并复位

　　e. 钻M10螺纹底孔程序，刀具为ϕ8.5mm麻花钻

O0005;

N10 G54 G90 G00 X0 Y0 Z100.;　　　快速定位到G54坐标系原点上方Z100处

N20 M03 S780;　　　　　　　　　　　启动主轴正转，转速780r/min

N30 G43 Z50. H05;　　　　　　　　　快进至初始平面Z50，建立刀具长度正向补偿

N40 G99 G81 X-40. Y40. Z-25. R5. F80;

　　　　　　　　　　　　　　　　　　钻孔循环，1#孔位置

N50 X40.;　　　　　　　　　　　　　2#孔位置

N60 Y-40.;　　　　　　　　　　　　　6#孔位置

N70 X-40.;　　　　　　　　　　　　　5#孔位置

N80 G49 G80;　　　　　　　　　　　　取消刀具长度补偿，取消孔加工循环

N90 G28 G91 X0 Y0 Z0;　　　　　　　机床返回参考点

N100 M05;　　　　　　　　　　　　　停主轴

N110 M30;　　　　　　　　　　　　　程序结束并复位

　　f. 钻3、4号定位孔程序，刀具为ϕ7.5mm麻花钻

O0006;

N10 G54 G90 G00 X0 Y0 Z100.;　　　快速定位到G54坐标系原点上方Z100处

N20 M03 S800;　　　　　　　　　　　启动主轴正转，转速800r/min

N30 G43 Z50. H06;　　　　　　　　　快进至初始平面Z50，建立刀具长度正向补偿

N40 G99 G81 X-40. Y0 Z-28. R5. F70;

　　　　　　　　　　　　　　　　　　钻孔循环，3#孔位置

N50 X40.;　　　　　　　　　　　　　4#孔位置

N60 G49 G80;　　　　　　　　　　　　取消刀具长度补偿，取消孔加工循环

N70 G28 G91 X0 Y0 Z0;　　　　　　　机床返回参考点

N80 M05;　　　　　　　　　　　　　　停主轴

N90 M30;　　　　　　　　　　　　　　程序结束并复位

　　g. 扩3、4号定位孔程序，刀具为ϕ7.9mm扩孔钻

O0007;

N10 G54 G90 G00 X0 Y0 Z100.;　　　快速定位到G54坐标系原点上方Z100处

N20 M03 S700;　　　　　　　　　　　启动主轴正转，转速700r/min

N30 G43 Z50. H07;　　　　　　　　　快进至初始平面Z50，建立刀具长度正向补偿

N40 G99 G81 X-40. Y0 Z-28. R5. F60;

　　　　　　　　　　　　　　　　　　用钻孔循环进行扩孔，3#孔位置

N50 X40.;　　　　　　　　　　　　　4#孔位置

N60 G49 G80；　　　　　　　　　　　取消刀具长度补偿，取消孔加工循环
N70 G28 G91 X0 Y0 Z0；　　　　　　机床返回参考点
N80 M05；　　　　　　　　　　　　　停主轴
N90 M30；　　　　　　　　　　　　　程序结束并复位

h. 螺纹孔口倒角程序，刀具为倒角刀
O0008；
N10 G54 G90 G00 X0 Y0 Z100.；　　快速定位到G54坐标系原点上方Z100处
N20 M03 S500；　　　　　　　　　　启动主轴正转，转速500r/min
N30 G43 Z50. H08；　　　　　　　　快进至初始平面Z50，建立刀具长度正向补偿
N40 G99 G81 X-40. Y40. Z-2. R5. F40；
　　　　　　　　　　　　　　　　　　用钻孔循环进行孔口倒角，1#孔位置
N50 X40.；　　　　　　　　　　　　　2#孔位置
N60 Y-40.；　　　　　　　　　　　　6#孔位置
N70 X-40.；　　　　　　　　　　　　5#孔位置
N80 G49 G80；　　　　　　　　　　　取消刀具长度补偿，取消孔加工循环
N90 G28 G91 X0 Y0 Z0；　　　　　　机床返回参考点
N100 M05；　　　　　　　　　　　　　停主轴
N110 M30；　　　　　　　　　　　　　程序结束并复位

i. 攻M10螺纹程序，刀具为M10丝锥
O0009；
N10 G54 G90 G00 X0 Y0 Z100.；　　快速定位到G54坐标系原点上方Z100处
N20 M03 S100；　　　　　　　　　　启动主轴正转，转速100r/min
N30 G43 Z50. H09；　　　　　　　　快进至初始平面Z50，建立刀具长度正向补偿
N40 G99 G84 X-40. Y40. Z-25. R5. F150；
　　　　　　　　　　　　　　　　　　右旋攻螺纹循环，1#孔位置
N50 X40.；　　　　　　　　　　　　　2#孔位置
N60 Y-40.；　　　　　　　　　　　　6#孔位置
N70 X-40.；　　　　　　　　　　　　5#孔位置
N80 G49 G80；　　　　　　　　　　　取消刀具长度补偿，取消孔加工循环
N90 G28 G91 X0 Y0 Z0；　　　　　　机床返回参考点
N100 M05；　　　　　　　　　　　　　停主轴
N110 M30；　　　　　　　　　　　　　程序结束并复位

j. 镗7号孔程序，刀具为ϕ30mm精镗刀
O0010；
N10 G54 G90 G00 X0 Y0 Z100.；　　快速定位到G54坐标系原点上方Z100处
N20 M03 S500；　　　　　　　　　　启动主轴正转，转速500r/min
N30 G43 Z50. H10；　　　　　　　　快进至初始平面Z50，建立刀具长度正向补偿
N40 G99 G76 X0 Y0 Z-25. R5. P2000 Q2. F30；
　　　　　　　　　　　　　　　　　　精镗孔循环
N50 G49 G80；　　　　　　　　　　　取消刀具长度补偿，取消孔加工循环
N60 G28 G91 X0 Y0 Z0；　　　　　　机床返回参考点

N70 M05;　　　　　　　　　　　　停主轴

N80 M30;　　　　　　　　　　　　程序结束并复位

k. 铰3、4号定位孔程序，刀具为φ8mm铰刀

O0011;

N10 G54 G90 G00 X0 Y0 Z100.;

N20 M03 S100;

N30 G43 Z50. H11;

N40 G99 G85 X-40. Y0 Z-28.R5. F30;　铰孔循环，3#孔位置

N50 X40.;　　　　　　　　　　　　4#孔位置

N60 G49 G80;　　　　　　　　　　取消刀具长度补偿，取消孔加工循环

N70 G28 G91 X0 Y0 Z0;　　　　　　机床返回参考点

N80 M05;　　　　　　　　　　　　停主轴

N90 M30;　　　　　　　　　　　　程序结束并复位

（3）加工操作

① 检查毛坯尺寸。

② 开机、回参考点。

③ 程序输入及校验。把编写好的数控程序输入数控系统，并通过图形模拟功能进行程序校验，检查程序是否存在语法和逻辑错误及刀具轨迹的正确性，确保程序无任何语法和逻辑错误、刀具轨迹正确。

④ 工件装夹。将工件放在平口钳上校正并夹紧，注意零件的加工部位要高于钳口，不能影响加工。

⑤ 刀具装夹。选用φ3mm中心钻、φ28mm锥柄麻花钻、φ29.5mm扩孔钻、φ38mm双刃镗刀、φ8.5mm麻花钻、φ7.5mm麻花钻、φ7.9mm扩孔钻、倒角刀、M10丝锥、φ30mm精镗刀、φ8mm铰刀，并将刀具装入弹簧夹头中夹紧，然后根据需要依次将刀柄装入铣床主轴上，完成手动换刀。

⑥ 对刀操作。按照前面讲述的对刀方法完成对刀操作，设置好G54工件坐标系。

⑦ 零件自动加工。在程序输入及校验、工件及刀具装夹、对刀这些操作均完成并确保没任何问题后，选择ATUO工作模式，打开程序，调好进给倍率，按下循环启动按钮，开始自动加工零件。

⑧ 零件检验。零件加工完成后，对照图纸进行检查，检查合格后方可拆下零件。

5.3　数控铣床综合加工实训

5.3.1　数控铣床综合加工实训1

【例5-6】 加工如图5-16所示零件，毛坯为80mm×80mm×20mm长方块（上、下表面已加工），材料为45钢。

（1）加工工艺制定

① 分析零件图样　该零件包含外形轮廓、沟槽的加工，表面粗糙度全部为*Ra*3.2μm。76mm×76mm外形轮廓和56mm×56mm凸台轮廓的尺寸公差为对称公差，可直接按基本尺寸

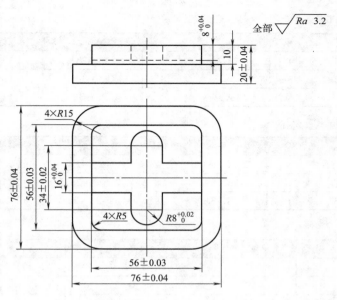

图 5-16 零件图

编程；十字槽中的两宽度尺寸的公差为非对称公差，需要通过调整刀补来达到公差要求。

② 加工方案 根据零件的精度要求，所有表面均采用立铣刀粗铣→精铣完成。

③ 装夹方案 该零件为单件生产，且零件外形为长方体，可选用平口钳装夹。

④ 刀具选择 具体的刀具选择见表5-19。

表 5-19 数控加工刀具卡

序号	刀具号	刀具名称	刀具规格/mm	加工内容	备注
1	T01	立铣刀(3齿)	$\phi16$	粗加工外轮廓	
2	T02	立铣刀(4齿)	$\phi16$	精加工外轮廓	
3	T03	键槽铣刀	$\phi12$	粗、精加工内轮廓	

⑤ 铣削路线 底部和凸台外轮廓铣削路线如图5-17所示，十字槽铣削路线如图5-18所示。底部外轮廓加工时，图5-17中各点坐标如表5-20所示，凸台外轮廓加工时，图5-17中各点坐标如表5-21所示。十字槽加工时，图5-18中各点坐标如表5-22所示。具体加工工序见表5-23。

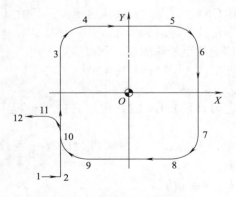

图 5-17 底部和凸台削铣路线

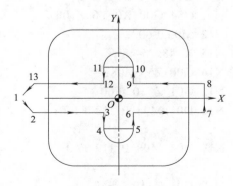

图 5-18 十字槽加工铣削路线

表 5-20 底部外轮廓加工基点坐标

序号	坐标	序号	坐标	序号	坐标	序号	坐标
1	(−48,−48)	4	(−23,38)	7	(38,−23)	10	(−38,−23)
2	(−38,−48)	5	(23,38)	8	(23,−38)	11	(−48,−13)
3	(−38,23)	6	(38,23)	9	(−23,−38)	12	(−58,−13)

表 5-21 凸台外轮廓加工基点坐标

序号	坐标	序号	坐标	序号	坐标	序号	坐标
1	(−38,−48)	4	(−23,28)	7	(28,−23)	10	(−28,−23)
2	(−28,−48)	5	(23,28)	8	(23,−28)	11	(−38,−13)
3	(−28,23)	6	(28,23)	9	(−23,−28)	12	(−48,−13)

表 5-22 十字槽加工基点坐标

序号	坐标	序号	坐标	序号	坐标	序号	坐标	序号	坐标
1	(−53,0)	4	(−8,−17)	7	(36,−8)	10	(8,17)	13	(−36,8)
2	(−36,−8)	5	(8,−17)	8	(36,8)	11	(−8,17)		
3	(−8,−8)	6	(8,−8)	9	(8,8)	12	(−8,8)		

表 5-23 数控加工工序卡

工步号	工步内容	刀具号	主轴转速/ (r/min)	进给速度/ (mm/min)	背吃刀量/ mm	刀补号
1	底部外轮廓粗加工	T01	600	120	10,9.8	D01、D02
2	底部外轮廓精加工	T02	1000	60	0.2	D01、D02
3	凸台外轮廓粗加工	T01	600	120	9.8	D01、D02
4	凸台外轮廓精加工	T02	1000	60	0.2	D01、D02
5	十字槽粗加工	T03	600	120	7.8	D03、D04
6	十字槽精加工	T03	1000	60	0.2	D03、D04

（2）程序编制

① 工件坐标系建立　以工件上表面中心作为 G54 工件坐标系原点，加工时要先进行对刀。

② 底部参考程序编制

a. 底部外轮廓粗加工程序

O1101;	主程序名
N10 G90 G40 G80 G49;	设置初始状态
N11 G54 G00 X0 Y0 Z100.;	调用 G54 坐标系，刀具快速定位到起始点
N12 M03 S600;	主轴正转，转速 600r/min
N13 X−48. Y−48.;	快速定位至外轮廓加工下刀位置
N14 G00 Z5. M08;	接近工件，同时打开切削液
N15 G01 Z−10. F60;	下刀，Z 向粗加工
N16 D01 M98 P1112 F120;	给定刀补值 D01=8.2，调用 1112 号子程序去余量
N17 D02 M98 P1112 F60;	给定刀补值 D02=8，调用 1112 号子程序精加工
N18 G01 Z−19.8 F60;	下刀，Z 向粗加工
N19 D01 M98 P1112 F120;	给定刀补值 D01=8.2，调用 1112 号子程序去

余量

N20 D02 M98 P1112 F60；　　　　　给定刀补值D02=8，调用1112号子程序精加工

N21 G00 Z50. M09；　　　　　　　Z向抬刀至安全高度，关闭切削液

N22 M05；　　　　　　　　　　　　停主轴

N23 M30；　　　　　　　　　　　　主程序结束并复位

b. 底部外轮廓精加工程序

O1102；　　　　　　　　　　　　　主程序名

N11 G90 G40 G80 G49 ；　　　　　设置初始状态

N12 G54 G00 X0 Y0 Z100.；　　　　调用G54坐标系，刀具快速定位到起始点

N13 G00 X–48. Y–48. S1000 M03；　启动主轴，快速定位至下刀位置

N14 G00 Z5. M08；　　　　　　　　接近工件，同时打开切削液

N15 G01 Z–20. F60；　　　　　　　下刀，Z向精加工

N16 D01 M98 P1112；　　　　　　　给定刀补值D01=8.2，调用1112号子程序去
　　　　　　　　　　　　　　　　　余量

N17 D02 M98 P1112；　　　　　　　给定刀补值D02=8，调用1112号子程序精
　　　　　　　　　　　　　　　　　加工

N18 G00 Z50. M09；　　　　　　　　Z向抬刀至安全高度，并关闭切削液

N19 M05；　　　　　　　　　　　　停主轴

N20 M30；　　　　　　　　　　　　主程序结束并复位

c. 底部外轮廓加工子程序

O1112；　　　　　　　　　　　　　子程序名

N11 G41 G01 X–38. Y–48.；　　　　1→2，建立刀具半径补偿

N12 G01 Y23.；　　　　　　　　　　2→3

N13 G02 X–23. Y38. R15.；　　　　3→4

N14 G01 X23.；　　　　　　　　　　4→5

N15 G02 X38. Y23. R15.；　　　　　5→6

N16 G01 Y–23.；　　　　　　　　　6→7

N17 G02 X23. Y–38. R15.；　　　　7→8

N18 G01 X–23.；　　　　　　　　　8→9

N19 G02 X–38. Y–23. R15.；　　　　9→10

N20 G03 X–48. Y–13. R10.；　　　　10→11

N21 G40 G00 X–58. Y–13.；　　　　11→12，取消刀具半径补偿

N22 G00 Z5.；　　　　　　　　　　快速提刀

N23 M99；　　　　　　　　　　　　子程序结束

③ 顶部参考程序编制

a. 凸台外轮廓粗加工程序

O1103；　　　　　　　　　　　　　主程序名

N11 G90 G40 G80 G49；　　　　　　设置初始状态

N12 G54 G00 X0 Y0 Z100.；　　　　调用G54坐标系，刀具快速定位到起始点

N13 G00 X–38. Y–48. S600 M03；　启动主轴，快速进给至下刀位置

N14 G00 Z5. M08；　　　　　　　　接近工件，同时打开切削液

N15 G01 Z-9.8 F60;   下刀，Z向粗加工

N16 D01 M98 P1113 F120;   给定刀补值D01=8.2，调用1113号子程序去
                                            余量

N17 D02 M98 P1113 F60;   给定刀补值D02=8，调用1113号子程序精加工

N18 G00 Z50. M09;   Z向抬刀至安全高度，关闭切削液

N19 M05;   停主轴

N20 M30;   主程序结束并复位

b. 凸台外轮廓精加工程序

O1104;   主程序名

N11 G90 G40 G80 G49;   设置初始状态

N12 G54 G00 X0 Y0 Z100.;   调用G54坐标系，刀具快速定位到起始点

N13 G00 X-38. Y-48. S1000 M03;   启动主轴，快速进给至下刀位置

N14 G00 Z5. M08;   接近工件，同时打开切削液

N15 G01 Z-10. F60;   下刀，Z向精加工

N16 D01 M98 P1113;   给定刀补值D01=8.2，调用1113号子程序去
                                            余量

N17 D02 M98 P1113;   给定刀补值D02=8，调用1113号子程序精
                                            加工

N18 G00 Z50. M09;   Z向抬刀至安全高度，关闭切削液

N19 M05;   停主轴

N20 M30;   主程序结束并复位

c. 凸台外轮廓加工子程序

O1113;   子程序名

N10 G41 G01 X-28. Y-48.;   1→2，建立刀具半径补偿

N11 G01 Y23.;   2→3

N12 G02 X-23. Y28. R5.;   3→4

N13 G01 X23.;   4→5

N14 G02 X28. Y23. R5.;   5→6

N15 G01 Y-23.;   6→7

N16 G02 X23. Y-28. R5.;   7→8

N17 G01 X-23.;   8→9

N18 G02 X-28. Y-23. R5.;   9→10

N19 G03 X-38. Y-13. R10.;   10→11

N20 G40 G00 X-48. Y-13.;   11→12，取消刀具半径补偿

N21 G00 Z5.;   快速提刀

N22 M99;   子程序结束

④ 十字槽加工程序

a. 十字槽加工主程序

O1105;   主程序名

N10 G90 G40 G80 G49;   设置初始状态

N11 G54 G00 X0 Y0 Z100.;   调用G54坐标系，刀具快速定位到起始点

N12 G00 X-53. Y0 S600 M03;   启动主轴，快速进给至下刀位置（点1）

N13　G00　Z5. M08；　　　　　　　　　　接近工件，同时打开切削液

N14　G01　Z–7.8　F60；　　　　　　　　　下刀，Z向粗加工

N15　D03　M98　P1114　F120；　　　　　给定刀补值D03=6.2，调用1114号子程序去余量

N16　D04　M98　P1114　F60；　　　　　　给定刀补值D04=6，调用1114号子程序精加工

N17　M03　S1000；　　　　　　　　　　　主轴转速1000r/min

N18　G01　Z–8. F60；　　　　　　　　　　下刀，Z向精加工

N19　D03　M98　P1114；　　　　　　　　　给定刀补值D03=6.2，调用1114号子程序去余量

N20　D04　M98　P1114；　　　　　　　　　给定刀补值D04=6，调用1114号子程序精加工

N21　G00　Z50. M09；　　　　　　　　　　Z向抬刀至安全高度，关闭切削液

N22　M05；　　　　　　　　　　　　　　　停主轴

N23　M30；　　　　　　　　　　　　　　　主程序结束并复位

b. 十字槽加工子程序

O1114；　　　　　　　　　　　　　　　　　子程序名

N10　G41　G01　X–36. Y–8.；　　　　　　1→2，建立刀具半径补偿

N11　G01　X–8. Y–8.　　　　　　　　　　2→3

N12　G01　Y–17.；　　　　　　　　　　　3→4

N13　G03　X8. Y–17. R8.；　　　　　　　4→5

N14　G01　Y–8.；　　　　　　　　　　　　5→6

N15　G01　X36.；　　　　　　　　　　　　6→7

N16　G01　Y8.；　　　　　　　　　　　　　7→8

N17　G01　X8.；　　　　　　　　　　　　　8→9

N18　G01　Y17.；　　　　　　　　　　　　9→10

N19　G03　X–8. R8.；　　　　　　　　　　10→11

N20　G01　Y8.；　　　　　　　　　　　　　11→12

N21　G01　X–36.；　　　　　　　　　　　12→13

N22　G40　G00　X–53. Y0；　　　　　　　13→1，取消刀具半径补偿

N23　G00　Z5.；　　　　　　　　　　　　快速提刀

N24　M99；　　　　　　　　　　　　　　　子程序结束

（3）加工操作

① 检查毛坯尺寸。

② 开机、回参考点。

③ 程序输入及校验。把编写好的数控程序输入数控系统，并通过图形模拟功能进行程序校验，检查程序是否存在语法和逻辑错误及刀具轨迹的正确性，确保程序无任何语法和逻辑错误、刀具轨迹正确。

④ 工件装夹。将工件放在平口钳上校正并夹紧，注意零件的加工部位要高于钳口，不能影响加工。

⑤ 刀具装夹。选用3齿 ϕ16mm立铣刀、4齿 ϕ16mm立铣刀、ϕ12mm键槽铣刀，并将刀具装入弹簧夹头中夹紧，然后根据需要依次将刀柄装入铣床主轴上，完成手动换刀。

⑥ 对刀操作。按照前面讲述的对刀方法完成对刀操作，设置好G54工件坐标系。

⑦ 零件自动加工。在程序输入及校验、工件及刀具装夹、对刀这些操作均完成并确保没任何问题后，选择ATUO工作模式，打开程序，调好进给倍率，按下循环启动按钮，开始自动加工零件。

⑧ 零件检验。零件加工完成后，对照图纸进行检查，检查合格后方可拆下零件。

5.3.2 数控铣床综合加工实训2

【例5-7】 完成如图5-19所示的泵体端盖底板轮廓铣削加工，毛坯为110mm×90mm×30mm长方块，材料为硬铝2A12。

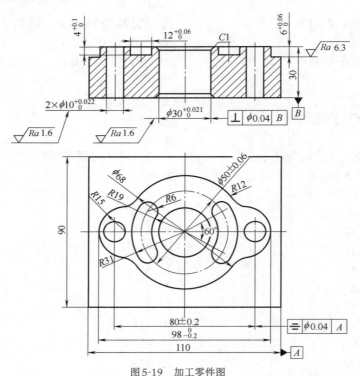

图5-19 加工零件图

（1）加工工艺制定

① 分析任务　如图5-19所示，零件材料为硬铝2A12，切削性能较好。工件为规则对称零件，加工部位由外轮廓圆弧、两个对称腰形槽、三个通孔组成。由于三个通孔的尺寸精度和位置精度较高，考虑采用立式加工中心来完成本任务。

② 工具、量具、刀具选择

a. 工具选择　采用平口钳装夹工件，寻边器对刀。

b. 量具选择　轮廓尺寸用游标卡尺测量，深度尺寸用深度游标卡尺测量，另用百分表校正平口钳及工件上表面。

c. 刀具选择　该工件的材料为硬铝2A12，切削性能较好，选用高速钢立铣刀即可满足工艺要求。

经过计算，凸台轮廓距毛坯边界的最大距离是20mm，由于凸台的高度是4mm，工件轮外轮廓的切削余量不均匀，故选φ20mm的立铣刀粗加工，再选用φ12mm精三刃立铣刀，运用刀具半径补偿铣削凸台轮廓以达到尺寸要求。

③ 加工方案　该任务有外轮廓及孔的加工，加工方案如下。

外轮廓加工：粗铣→精铣。

腰形槽加工：粗铣→精铣。

ϕ30H7孔加工：钻中心孔→钻底孔ϕ28mm→扩孔ϕ29.8mm→精镗孔。

ϕ10H8孔加工：钻中心孔→钻底孔ϕ9mm→扩孔ϕ9.8mm→铰孔。

④ 铣削路线　外轮廓铣削路线：刀具从起刀点（80，0）出发，建立刀具半径左补偿并直线插补至1点，下刀至深度6mm，然后按1→2→3→4→5→6顺序铣削加工，另外一半采用旋转指令再次调用子程序加工。

腰形槽铣削路线：刀具从工件中心（0，0）直线插补至7点，建立刀具半径左补偿，下刀至深度4mm处，然后按7→8→9→10顺序铣削加工，另外一半采用旋转指令再次调用子程序加工，如图5-20所示。

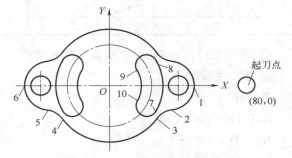

图5-20　外轮廓及腰形槽铣削路线

⑤ 加工顺序　根据先面后孔、先粗后精、先大孔后小孔的加工顺序原则，先加工外轮廓，再钻镗各孔。具体加工顺序为：粗铣外轮廓，粗铣腰形槽，中心钻打中心孔定位，再粗加工、半精加工各孔，最后精加工各轮廓面及各孔。

具体加工工序见表5-24。

表5-24　数控加工工序卡片

工步号	工步内容	刀号	刀具偏置	刀具	切削用量		
					主轴转速/（r/min）	进给速度/（mm/min）	背吃刀量/mm
1	粗铣外轮廓	T01	H01/D01	ϕ20mm三刃立铣刀	800	150	5
2	粗铣腰形槽	T02	H02/D02	ϕ10mm键槽铣刀	850	120	3
3	钻中心孔	T03	H03	A2.5中心钻	1500	100	
4	钻ϕ30H7底孔	T04	H04	ϕ28mm锥柄麻花钻	400	60	
5	粗镗	T05	H05	ϕ29.5mm镗刀	450	70	
6	钻ϕ10H8底孔	T06	H06	ϕ9mm麻花钻	750	60	
7	扩孔	T07	H07	ϕ9.8mm扩孔钻	700	50	
8	精铣外轮廓	T08	H08/D08	ϕ12mm三刃立铣刀	1000	100	2
9	精铣腰形槽	T09	H09/D09	ϕ10mm键槽铣刀	1000	120	1
10	精镗ϕ30H7	T10	H10	ϕ30mm精镗刀	500	30	
11	铰孔ϕ10H8	T11	H11	ϕ10mm铰刀	100	30	

（2）程序编制

① 编程坐标系的建立　由于是对称零件，适合采用旋转、镜像指令编程。本任务中编程坐标系的原点选在工件上表面的对称中心，以方便计算。

② 基点坐标的计算　因采用刀具半径补偿功能，只需计算工件轮廓上基点坐标即可。

图5-20中各基点坐标值见表5-25。

表5-25　基点坐标

基点	坐标	基点	坐标
1	(49,0)	6	(−49,0)
2	(35.89,−14.88)	7	(26.85,−15.5)
3	(27.64,−19.80)	8	(26.85,15.5)
4	(−27.64,−19.80)	9	(16.45,9.5)
5	(−35.89,−14.88)	10	(16.45,−9.5)

③　参考程序以（FANUC 0i系统格式编程）

a. 加工主程序

O0001；	
N10 G49 G69 G40；	初始化各加工状态
N20 T01 M06；	调用1号三刃立铣刀
N30 M03 S800；	主轴正转，转速800r/min
N40 G54 G90 G00 X80. Y0；	调用G54坐标系，刀具快速定位到起刀点
N50 G43 Z20. H01；	快进至Z20，建立刀具长度正向补偿H01
N60 Z3. M08；	接近工件上表面3mm，开切削液
N70 G01 Z−5. F100；	下刀至深度5mm，留1mm余量
N80 M98 P0002；	调用O0002粗加工外轮廓一半
N90 G68 X0 Y0 R180；	绕编程原点旋转180°
N100 M98 P0002；	粗加工外轮廓另一半
N110 G69；	取消旋转
N120 G49 G00 Z100.；	Z向抬刀，取消刀具长度补偿
N130 M09 M05；	切削液关，停主轴
N140 G91 G28 Z0；	回参考点
N150 T02 M06；	换φ10mm键槽铣刀
N160 M03 S850 M08；	主轴正转，转速850r/min，开切削液
N170 G54 G90 G00 X0 Y0；	调用G54坐标系，刀具快速定位到编程原点上方
N180 G43 H02 Z50.；	快进至Z50，建立刀具长度正向补偿H02
N190 M98 P0003；	调用O0003粗加工腰形槽一半
N200 G68 X0 Y0 R180；	绕编程原点旋转180°
N210 M98 P0003；	调用O0003粗加工腰形槽另一半
N220 G69；	取消旋转
N230 G49 G00 Z100. M05 M09；	Z向抬刀，取消刀具长度补偿，停主轴，关切削液
N240 G91 G28 Z0；	回参考点
N250 T03 M06；	换A2.5中心钻

N260 M03 S1500 M08；　　　　　　　主轴正转，转速1500r/min，开切削液

N270 G54 G90 G00 X40. Y0；　　　　　调用G54坐标系，刀具快速定位到右侧孔上方

N280 G43 H03 Z20.；　　　　　　　　　快进至Z20，建立刀具长度正向补偿H03

N290 G81 X40. Y0 Z−3. R5. F100；　　钻孔循环，右侧孔位置

N300 X−40.；　　　　　　　　　　　　左侧孔位置

N310 X0；　　　　　　　　　　　　　　中间孔位置

N320 G49 G00 Z100. M05 M09；　　　　*Z*向抬刀，取消刀具长度补偿，停主轴，关切削液

N330 G91 G28 Z0；　　　　　　　　　　回参考点

N340 T04 M06；　　　　　　　　　　　换*φ*28mm锥柄麻花钻

N350 M03 S400 M08；　　　　　　　　　主轴正转，转速400r/min，开切削液

N360 G54 G90 G00 X0 Y0；　　　　　　调用G54坐标系，刀具快速定位到中间孔上方

N370 G43 H04 Z20.；　　　　　　　　　快进至Z20，建立刀具长度正向补偿H04

N380 G83 X0 Y0 Z−31. R5. Q2. F60；　深孔钻削循环

N390 G49 G00 Z100. M05 M09；　　　　*Z*向抬刀，取消刀具长度补偿，停主轴，关切削液

N400 G91 G28 Z0；　　　　　　　　　　回参考点

N410 T05 M06；　　　　　　　　　　　换*φ*29.5mm镗刀

N420 M03 S450 M08；　　　　　　　　　主轴正转，转速450r/min，开切削液

N430 G90 G54 G00 X0 Y0；　　　　　　调用G54坐标系，刀具快速定位到中间孔上方

N440 G43 H05 Z20.；　　　　　　　　　快进至Z20，建立刀具长度正向补偿H05

N450 G85 X0 Y0 Z−31. R5. F70；　　　镗孔循环

N460 G49 G00 Z100. M05 M09；　　　　*Z*向抬刀，取消刀具长度补偿，停主轴，关切削液

N470 G91 G28 Z0；　　　　　　　　　　回参考点

N480 T06 M06；　　　　　　　　　　　换*φ*9mm麻花钻

N490 M03 S750 M08；　　　　　　　　　主轴正转，转速750r/min，开切削液

N500 G90 G54 G00 X40. Y0；　　　　　调用G54坐标系，刀具快速定位到右侧孔上方

N510 G43 H06 Z20.；　　　　　　　　　快进至Z20，建立刀具长度正向补偿H06

N520 G83 X40. Y0 Z−31. R5. Q2. F60；深孔钻削循环，右侧孔

N530 X−40.；　　　　　　　　　　　　左侧孔

N540 G49 G00 Z100. M05 M09；　　　　*Z*向抬刀，取消刀具长度补偿，停主轴，关切削液

N550 G91 G28 Z0；　　　　　　　　　　回参考点

N560 T07 M06；　　　　　　　　　　　换*φ*9.8mm的扩孔钻

N570 M03 S700 M08；   主轴正转，转速700r/min，开切削液

N580 G90 G54 G00 X40. Y0；   调用G54坐标系，刀具快速定位到右侧孔上方

N590 G43 H07 Z20.；   快进至Z20，建立刀具长度正向补偿H07

N600 G83 X40. Y0 Z−31. R5. Q2. F50；

                        深孔钻削循环，右侧孔

N610 X−40.；   左侧孔

N620 G49 G00 Z100. M05 M09； Z向抬刀，取消刀具长度补偿，停主轴，关切削液

N630 G91 G28 Z0；   回参考点

N640 T08 M06；   换ϕ20mm精三刃立铣刀

N650 M03 S1000 M08；   主轴正转，转速1000r/min，开切削液

N660 G54 G90 G00 X80. Y0；   调用G54坐标系，刀具快速定位到起刀点

N670 G43 Z20. H08；   快进至Z20，建立刀具长度正向补偿H08

N680 Z3.；   接近工件上表面3mm

N690 G01 Z−6. F100；   下刀至深度6mm

N700 M98 P0004；   调用O0004精加工外轮廓

N710 G68 X0 Y0 R180；   绕工件原点旋转180°

N720 M98 P0004；   再次调用O0004精加工外轮廓

N730 G69；   取消旋转

N740 G49 G00 Z50.；   Z向抬刀，取消刀具长度补偿

N750 M05 M09；   停主轴，关切削液

N760 G91 G28 Z0；   回参考点

N770 T09 M06；   换ϕ10mm键槽铣刀

N780 M03 S1000 M08；   主轴正转，转速1000r/min，开切削液

N790 G54 G90 G00 X0 Y0；   调用G54坐标系，刀具快速定位到原点上方

N800 G43 Z50. H09；   快进至Z50，建立刀具长度正向补偿H09

N810 M98 P0005；   调用O0005精加工腰形槽

N820 G68 X0 Y0 R180；   绕工件原点旋转180°

N830 M98 P0005；   调用O0005精加工腰形槽另一半

N840 G69 ；   取消旋转

N850 G49 G00 Z100. M05 M09； Z向抬刀，取消刀具长度补偿，停主轴，关切削液

N860 G91 G28 Z0；   回参考点

N870 T10 M06；   换ϕ30mm精镗刀

N880 M03 S500 M08；   主轴正转，转速500r/min，开切削液

N890 G90 G54 G00 X0 Y0；   调用G54坐标系，刀具快速定位到原点上方

N900 G43 Z10. H10；   快进至Z10，建立刀具长度正向补偿H10

N910 G76 X0 Y0 Z−31. R5. F30； 精镗孔循环

N920 G49 G00 Z100. M05 M09;   Z向抬刀，取消刀具长度补偿，停主轴，关切削液

N930 G91 G28 Z0;   回参考点

N940 T11 M06;   换ϕ10mm铰刀

N950 M03 S100 M08;   主轴正转，转速100r/min，开切削液

N960 G90 G54 G00 X40. Y0;   调用G54坐标系，刀具快速定位到右侧孔上方

N970 G43 Z50. H11;   快进至Z50，建立刀具长度正向补偿H11

N980 G82 X40. Y0 Z−31. R5. P2000 F30;   铰孔循环，右侧孔

N990 X−40.;   左侧孔

N991 G80 G49 G00 Z100.;   Z向抬刀，取消刀具长度补偿，取消孔加工循环

N992 M05 M09;   停主轴，关切削液

N993 M30;   程序结束

b. 粗加工外轮廓子程序

O0002;   粗加工外轮廓子程序号

N10 G01 G41 X49. Y0 D01 F150;   建立刀具半径补偿

N20 G02 X35.89 Y−14.88 R15.;

N30 G03 X27.64 Y−19.80 R12.;

N40 G02 X−27.64 Y−19.80 R34.;

N50 G03 X−35.89 Y−14.88 R12.;

N60 G02 X−49. Y0 R15.;

N70 G01 G40 X−60. Y0;   取消刀具半径补偿

N80 M99;   子程序结束，并返回到主程序

c. 粗加工腰形槽子程序

O0003;   粗加工腰形槽子程序号

N10 G01 G41 X26.85 Y−15.5 D02 F120;

N20 G01 Z−3. F30;

N30 G03 X26.85 Y15.5 R31.;

N40 G03 X16.45 Y9.5 R6.;

N50 G02 X16.45 Y−9.5 R19.;

N60 G03 X26.85 Y−15.5 R6.;

N70 G00 Z1.;

N80 G40 X0 Y0;   取消刀具半径补偿

N90 M99;   子程序结束，并返回到主程序

d. 精加工外轮廓子程序

O0004;   精加工外轮廓子程序号

N10 G01 G41 X49. Y0 D08 F100;   建立刀具半径补偿

N20 G02 X35.89 Y-14.88 R15.；

N30 G03 X27.64 Y-19.80 R12.；

N40 G02 X-27.64 Y-19.80 R34.；

N50 G03 X-35.89 Y-14.88 R12.；

N60 G02 X-49. Y0 R15.；

N70 G01 G40 X-60. Y0；　　　　　　取消刀具半径补偿

N80 M99；　　　　　　　　　　　　子程序结束，并返回到主程序

e. 精加工腰形槽子程序

O0005；　　　　　　　　　　　　　精加工腰形槽子程序号

N10 G01 G41 X26.85 Y-15.5 D09 F120；

　　　　　　　　　　　　　　　　建立刀具半径补偿

N20 G01 Z-4. F30；

N30 G03 X26.85 Y15.5 R31.；

N40 G03 X16.45 Y9.5 R6.；

N50 G02 X16.45 Y-9.5 R19.；

N60 G03 X26.85 Y-15.5 R6.；

N70 G00 Z1.；

N80 G40 X0 Y0；　　　　　　　　取消刀具半径补偿

N90 M99；　　　　　　　　　　　子程序结束，并返回到主程序

（3）加工操作

① 检查毛坯尺寸。

② 开机、回参考点。

③ 程序输入及校验。把编写好的数控程序输入数控系统，并通过图形模拟功能进行程序校验，检查程序是否存在语法和逻辑错误及刀具轨迹的正确性，确保程序无任何语法和逻辑错误、刀具轨迹正确。

④ 工件装夹。将工件放在平口钳上校正并夹紧，注意零件的加工部位要高于钳口，不能影响加工。

⑤ 刀具装夹。选用φ20三刃立铣刀、φ10键槽铣刀、A2.5中心钻、φ28锥柄麻花钻、φ29.5镗刀、φ9麻花钻、φ9.8扩孔钻、φ12三刃立铣刀、φ30精镗刀、φ10铰刀，并将刀具装入弹簧夹头中夹紧，然后将刀具装入刀库，程序执行时根据需要完成自动换刀。

⑥ 对刀操作。选用φ20两刃立铣刀作为标刀，按照前面讲述的对刀方法完成标刀对刀操作，设置好G54工件坐标系。其他刀具只需要在长度方向进行补偿，设置相应的刀具补偿值即可。

⑦ 零件自动加工。在程序输入及校验、工件及刀具装夹、对刀这些操作均完成并确保没任何问题后，选择ATUO工作模式，打开程序，调好进给倍率，按下循环启动按钮，开始自动加工零件。

⑧ 零件检验。零件加工完成后，对照图纸进行检查，检查合格后，方可拆下零件。

思考与训练

5-1　实际操作数控铣床时，如何预置G54～G59的值？

5-2　完成如图5-21、图5-22所示字母槽的加工。字槽深均为2mm，字槽宽均为6mm。刀具为ϕ6mm的键槽铣刀。

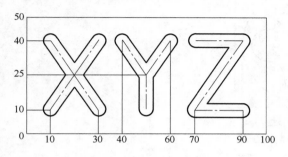

图5-21　字母槽铣削加工训练1

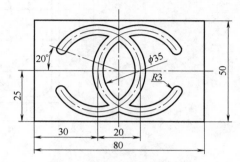

图5-22　字母槽铣削加工训练2

5-3　完成如图5-23、图5-24所示零件（凸台）的加工。毛坯分别如图所示，刀具为ϕ10mm的立铣刀，选择合适的切削参数。

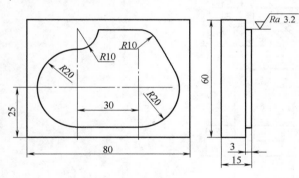

图5-23　凸台铣削加工训练1

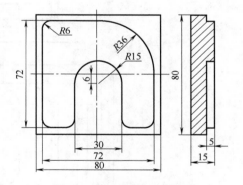

图5-24　凸台铣削加工训练2

5-4　完成如图5-25、图5-26所示零件（内腔）的加工。毛坯分别如图所示，刀具为ϕ10mm的键槽铣刀，选择合适的切削参数。

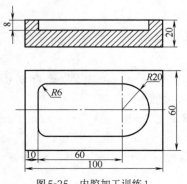

图5-25　内腔加工训练1

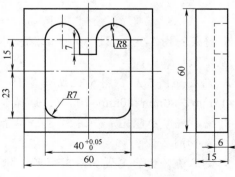

图5-26　内腔加工训练2

5-5 完成如图 5-27、图 5-28 所示零件（凸台、内腔）的加工。毛坯尺寸分别为 80mm×80mm×18mm、76mm×76mm×35mm，刀具为 ϕ10mm 的键槽铣刀，选择合适的切削参数。

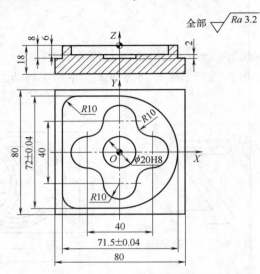

图 5-27　凸台、内腔加工训练 1

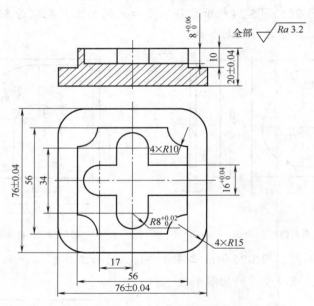

图 5-28　凸台、内腔加工训练 2

5-6 完成如图 5-29、图 5-30 所示零件（孔）的加工。选择合适的钻孔循环指令、刀具及其切削参数。

5-7 完成如图 5-31、图 5-32 所示零件（综合件）的加工。毛坯尺寸分别为 100mm×80mm×15mm、80mm×80mm×10mm，选择合适的刀具及切削参数。

5-8 使用镜像功能完成如图 5-33 所示槽的加工。槽深为 3mm，槽宽为 10mm。选择合适的刀具及切削参数。

5-9 使用旋转功能完成如图 5-34 所示槽的加工。槽深和槽宽如图所示，选择合适的刀具及切削参数。

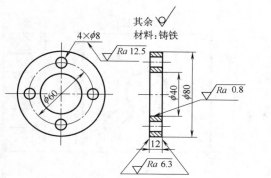

图 5-29 孔加工训练 1

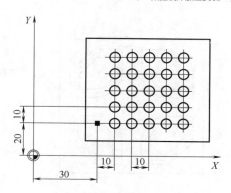

图 5-30 孔加工训练 2

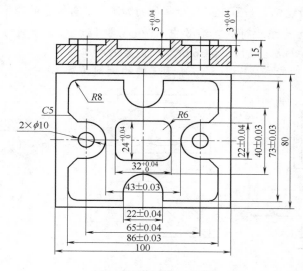

图 5-31 综合件加工训练 1

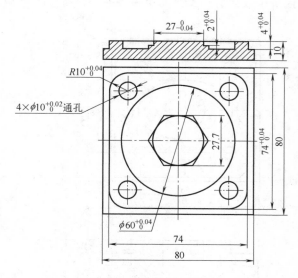

图 5-32 综合件加工训练 2

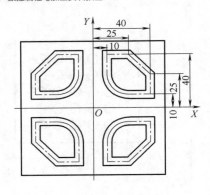

图5-33　镜像功能加工训练

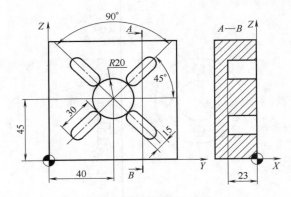

图5-34　旋转功能加工训练

5-10　使用缩放功能完成如图5-35所示零件的加工。底部方台的轮廓为四边形ABCD，上面两个方台可由底部方台缩放得到，缩放中心为E点，缩放系数分别为0.83、0.67。

5-11　使用宏程序功能完成如图5-36所示椭圆台的加工。

5-12　使用宏程序功能完成如图5-37所示零件的倒圆角加工。

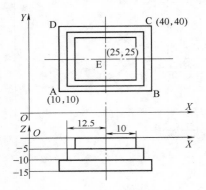

图5-35　缩放功能加工训练

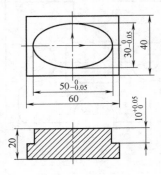

图5-36　宏程序编程训练1

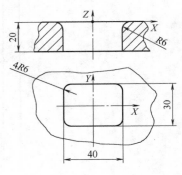

图5-37　宏程序编程训练2

5-13　完成如图5-38所示零件的加工，其中椭圆部分使用宏程序加工。

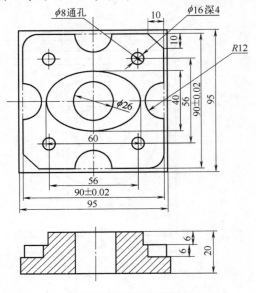

图5-38　宏程序编程训练3

第6章　加工中心实训

【知识提要】　本章全面介绍加工中心编程及加工。主要包括加工中心编程实训（多把刀的长度补偿、刀具的选择与交换、编程实训）、加工中心加工实训（加工中心对刀、加工实训）等内容。

【训练目标】　通过本章内容的学习，学习者应对加工中心的手工编程有全面认识，系统掌握加工中心的程序编制及零件加工方法，具备加工中心编程及操作技能。

6.1　加工中心编程实训

6.1.1　多把刀长度补偿

如图6-1所示，图中有三把长度不一样的刀具，为了避免加工时对每把刀分别对刀，选2号刀为标刀，1号刀比标刀短10mm，3号刀比标刀长10mm。实际加工时，只需用2号标刀进行对刀，1号刀和3号刀分别相对于2号刀加长度补偿即可。具体的补偿指令和编程格式与单把刀的完全一样，这里不再赘述。如果用三把刀加工同一个孔，则采用绝对坐标和增量坐标方式编制的程序分别见图6-1的右侧（以HNC-21/22M系统编程为例，补偿值均为10mm正值）。

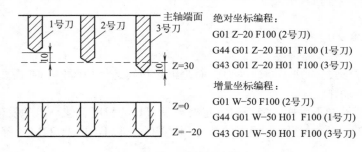

绝对坐标编程：
G01 Z-20 F100 (2号刀)
G44 G01 Z-20 H01 F100 (1号刀)
G43 G01 Z-20 H01 F100 (3号刀)

增量坐标编程：
G01 W-50 F100 (2号刀)
G44 G01 W-50 H01 F100 (1号刀)
G43 G01 W-50 H01 F100 (3号刀)

图6-1　刀具长度补偿实例

这样通过多把刀的长度补偿，可以用长度不同的刀具来执行同一程序，而不需要根据刀具长度分别编程，从而使编程人员在编程时可以不考虑刀具的实际长度。

6.1.2　刀具的选择与交换

（1）刀具的选择

刀具的选择是指把刀库中被指令指定了刀号的刀具转到换刀的位置，为下次换刀做好准备。这一动作是通过选刀指令——T功能指令实现的。T功能指令用Txx表示。若刀库装刀总容量为24把，编程时，可用T01～T24来指定24把刀具。在刀库排满时，如果再在主轴上装一把刀，则刀具总数可以增加到25把，即T00～T24。此外，也可以把T00作为空刀定义。

（2）换刀点

一般立式加工中心规定换刀点的位置在机床Z轴零点处，即加工中心规定了固定的换刀点（定点换刀），主轴只有走到这一位置，换刀机构才能执行换刀动作。

（3）刀具交换

刀具交换是指刀库中位于换刀位置的刀具与主轴上的刀具进行自动交换。这一动作的实现是通过换刀指令M06实现的。

指令格式：Txx M06；

例如"T01 M06；"是将当前主轴刀具更换为刀库一号位置的刀具。

M06为非模态后作用M功能。

💡**注意**：在执行M06指令前，一定要用G28指令让机床返回参考点（对大多数加工中心来说也即换刀点），这样才能保证换刀动作的可靠性。否则，换刀动作可能无法完成。

（4）换刀程序

① Z轴先回参考点，再选刀换刀

N01 G91 G28 Z0；

N02 Txx M06；

② Z轴回参考点与刀库转位同时进行

N01 G91 G28 Z0 Txx；

N02 M06；

在Z轴返回参考点的同时，刀库也开始转位。采用这种编程方式，避免了执行T功能指令时占用加工时间，在执行T功能指令的同时机床继续执行程序。若刀具返回参考点的动作已完成，而刀库转位尚未完成，则只有等刀库转位完成后，才开始执行换刀动作。

③ 先选定刀具，需要时再完成换刀动作。

N01 Txx；

……

N07 G91 G28 Z0；

N08 M06；

先选定xx号刀具，但并不立即换刀，而是继续执行若干段程序，在需要换xx号刀具加工时，再完成换刀动作。

各把刀的长度可能不一样，换刀时一定要考虑刀具的长度补偿，以免发生撞刀或危及人身安全的事故。图6-1所示三把刀换刀的参考程序如下（以HNC-21/22M系统编程为例）。

……

N10 G91 G28 Z0 M05   Z轴回到参考点（换刀位置），停主轴

N20 T02 M06   换2号刀到主轴，其为标刀，不需要刀具长度补偿

……   2号刀的加工程序

N50 G91 G28 Z0 M05   Z轴回到参考点（换刀位置）

N60 T03 M06   换3号刀到主轴，其比标刀长10mm

N70 M03 S600   启动主轴正转，转速为600r/min

N80 G90 G43 G00 Z50 H03   刀具快速移动到工件表面以上50mm处（Z轴原点在工件上表面），建立刀具长度正向补偿（补偿值为正，补偿号为H03）

……   3号刀的加工程序

N100 G49 G91 G28 Z0 M05	Z轴回到参考点（换刀位置），取消3号刀的刀补，停主轴
N110 T01 M06	换1号刀到主轴，其比标刀短10mm
N130 M03 S600	启动主轴正转，转速为600r/min
N140 G90 G44 G00 Z50 H01	刀具快速移动到工件表面以上50mm处，建立刀具长度负向补偿（补偿值为负，补偿号为H01）
……	1号刀的加工程序

6.1.3 编程实训

【例6-1】 在加工中心上加工如图6-2所示零件，毛坯为80mm×80mm×25mm。外轮廓、内轮廓、孔加工所用刀具分别为ϕ8mm立铣刀（T01）、ϕ10mm键槽铣刀（T02）和ϕ10mm钻头（T03）。

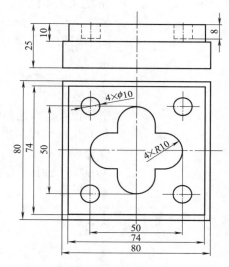

图6-2 加工中心编程实训零件图

外轮廓、内轮廓及孔加工走刀路线及加工顺序分别如图6-3~图6-5所示。以T01为标刀进行对刀，长度补偿指令都使用G43，则三把刀的长度补偿值分别为H01=0，H02=-10，H03=-50。编程坐标系如图所示，按华中系统格式编程，参考程序如下。

%0061	主程序
G54 G90 G00 X0 Y0 Z100	调用G54坐标系，绝对坐标编程，刀具快速定位到起始点
G91 G28 Z0	Z向返回参考点
T01 M06	换1号刀
M03 S800	主轴正转，转速800r/min
G90 G00 Z10	绝对坐标编程，Z向快速接近工件
X0 Y-57	快速定位到图6-3所示半圆圆心
G01 Z-10. F60	Z向下刀
D01 M98 P2000 F100	给定刀补值D01=5，调用2000号子程序去余量

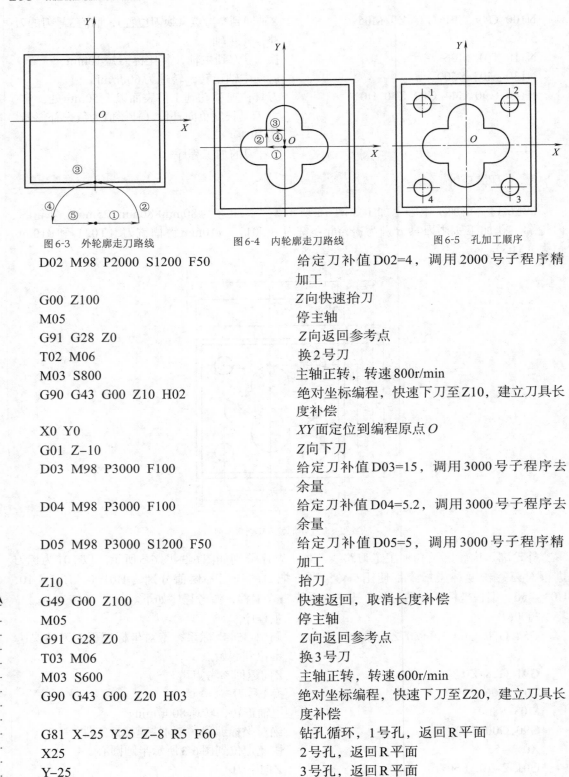

图 6-3　外轮廓走刀路线　　　　图 6-4　内轮廓走刀路线　　　　图 6-5　孔加工顺序

程序	注释
D02 M98 P2000 S1200 F50	给定刀补值 D02=4，调用 2000 号子程序精加工
G00 Z100	Z 向快速抬刀
M05	停主轴
G91 G28 Z0	Z 向返回参考点
T02 M06	换 2 号刀
M03 S800	主轴正转，转速 800r/min
G90 G43 G00 Z10 H02	绝对坐标编程，快速下刀至 Z10，建立刀具长度补偿
X0 Y0	XY 面定位到编程原点 O
G01 Z−10	Z 向下刀
D03 M98 P3000 F100	给定刀补值 D03=15，调用 3000 号子程序去余量
D04 M98 P3000 F100	给定刀补值 D04=5.2，调用 3000 号子程序去余量
D05 M98 P3000 S1200 F50	给定刀补值 D05=5，调用 3000 号子程序精加工
Z10	抬刀
G49 G00 Z100	快速返回，取消长度补偿
M05	停主轴
G91 G28 Z0	Z 向返回参考点
T03 M06	换 3 号刀
M03 S600	主轴正转，转速 600r/min
G90 G43 G00 Z20 H03	绝对坐标编程，快速下刀至 Z20，建立刀具长度补偿
G81 X−25 Y25 Z−8 R5 F60	钻孔循环，1 号孔，返回 R 平面
X25	2 号孔，返回 R 平面
Y−25	3 号孔，返回 R 平面
G98 X−25	4 号孔，返回初始平面
G80 G49 G00 Z100	取消循环，取消长度补偿，快速抬刀

M05	停主轴
M30	程序结束并复位
%2000	外轮廓加工子程序
G41 G01 X20	建立刀具半径左补偿，路径①
G03 X0 Y–37 R20	逆时针圆弧切入，路径②
G01 X–37	轮廓切削，路径③
Y37	
X37	
Y–37	
X0	
G03 X–20 Y–57 R20	逆时针圆弧切出，路径④
G40 G00 X0	取消刀补，路径⑤
M99	子程序结束
%3000	内轮廓加工子程序
G42 G01 X–10 Y0	建立刀具半径右补偿，路径①
Y15	切向切入，路径②
G02 X10 R10	
G01 Y10	
X15	
G02 Y–10 R10	
G01 X10	
Y–15	
G02 X–10 R10	
G01 Y–10	
X–15	
G02 Y10 R10	
G01 X0	切向切出，路径③
G40 Y0	取消刀补，路径④
M99	子程序结束

💡 **注意**：在数控机床上实际运行程序时，必须在刀具表中设置具体的长度和半径补偿值，如图6-6所示。

刀具表:					
刀号	组号	长度	半径	寿命	位置
#0000	-1	0.000	0.000	0	-1
#0001	-1	0.000	5.000	0	-1
#0002	-1	-10.000	4.000	0	-1
#0003	-1	-50.000	15.000	0	-1
#0004	-1	0.000	5.200	0	-1
#0005	-1	0.000	5.000	0	-1
#0006	-1	0.000	0.000	0	-1
#0007	-1	0.000	0.000	0	-1
#0008	-1	0.000	0.000	0	-1
#0009	-1	0.000	0.000	0	-1
#0010	-1	0.000	0.000	0	-1
#0011	-1	0.000	0.000	0	-1

图6-6 刀具半径补偿值设定

6.2 加工中心加工实训

6.2.1 加工中心对刀

加工中心在加工零件时，刀库中通常装有多把刀，如图6-7所示，这些刀具的形状、尺寸可能差别很大。这时应选用一把刀作为标刀，按5.1.2节所叙述的方法，确定工件原点在机床坐标系中的坐标值X、Y、Z，并将X、Y、Z输入G54中，从而建立工件坐标系。虽然刀具的直径会有差异，但刀具装在主轴上的刀具中心都是主轴中心，是一致的，而长度差异可以通过长度补偿解决，所以其他的刀具不需要再每把刀逐一对刀，只需要对其进行长度和半径补偿即可。

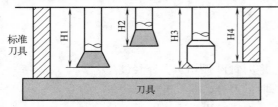

图6-7 刀具长度补偿值设定

6.2.2 加工实训1

【例6-2】 如图6-8所示零件（单件生产），毛坯为100mm×100mm×30mm长方块，材料为45钢。分析及制定该零件的加工工艺，编写零件加工程序并完成零件加工。

6.2.2.1 加工工艺制定

（1）分析零件图样

该零件包含外轮廓、型腔和孔的加工，均有尺寸精度要求，表面粗糙度全部为Ra3.2μm，没有形位公差要求。

（2）工艺分析

① 加工方案的确定 根据零件的要求，上表面采用立铣刀粗铣→精铣完成；其余表面采用键槽铣刀粗铣→精铣完成。

② 确定装夹方案 该零件为单件生产，且零件外形为长方体，可选用平口钳装夹。工件上表面高出钳口11mm左右。

③ 工艺处理 整个加工顺序如图6-9所示。

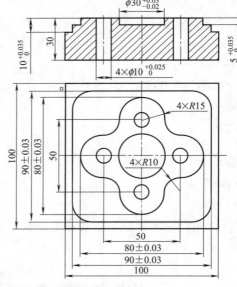

图6-8 零件图

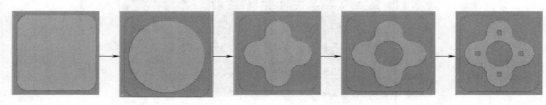

图6-9 零件加工顺序

a. 加工深度为10mm的台（以下简称台1），其轮廓圆角为凸圆弧，不存在干涉，完全可以用加大刀补的方法去除余量。

b. 加工深度为5mm的台（以下简称台2），其轮廓带有4个半径为10mm的凹圆弧，如果按图6-10（a）所示加工路线，按表6-1分配的刀补值进行去余量加工，在刀补大于10mm时，系统会提示干涉而无法继续去余量。此时必须将编程轮廓处理成加去余量轮廓来完成去余量加工，如图6-10（b）所示，刀补值的分配见表6-2。

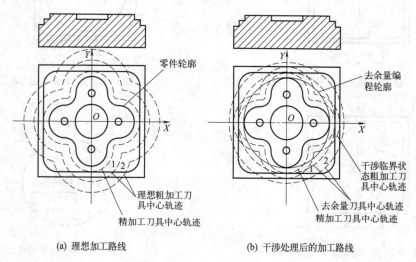

(a) 理想加工路线   (b) 干涉处理后的加工路线

图6-10 刀补干涉时的处理

c. 加工直径为30mm的圆腔，不存在干涉，可以用加大刀补的方法去除余量。

d. 应用钻孔循环功能完成孔加工。

表6-1 外轮廓理想状态的刀补情况

编程轮廓	零件轮廓	零件轮廓	零件轮廓
刀具中心轨迹	精加工刀具中心轨迹	图6-10(a)1	图6-10(a)2
刀补号	1	2	3
刀具半径补偿值/mm	5	14	23

表6-2 外轮廓干涉预判处理后的刀补情况

编程轮廓	零件轮廓	零件轮廓	去余量编程轮廓	去余量编程轮廓
刀具中心轨迹	精加工刀具中心轨迹	干涉临界状态粗加工刀具中心轨迹	图6-10(b)1	图6-10(b)2
刀补号	1	2	3	4
刀具半径补偿值/mm	5	10(轮廓最小曲率半径)	5	14

④ 走刀路线的确定 加工台1的走刀路线如图6-11所示，顺时针走刀，附加了半圆弧，采用弧向切入切出路径。图6-12所示为台2的附加去余量加工路线，可以不使用弧向切入切出，但由于立铣刀无法在Z向直接下刀，需要设置刀具切入路径，而且建立和撤销刀补必须要有相应路径，所以为了编程方便，仍然使用了弧向切入切出。图6-13所示为台2的轮廓

加工走刀路线。

内轮廓加工的走刀路线如图6-14所示，采用弧向切入切出路径，也为顺时针走刀。

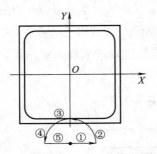

图6-11　台1走刀路线

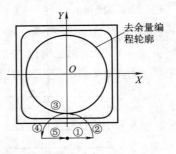

图6-12　台2去余量走刀路线

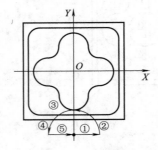

图6-13　台2轮廓加工走刀路线

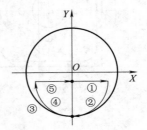

图6-14　内轮廓走刀路线

⑤ 刀具及切削参数的确定　刀具及加工工艺分别见表6-3、表6-4。

表6-3　数控加工刀具卡

序号	刀具号	刀具名称	刀具规格/mm	加工内容	备注
1	T01	立铣刀	φ12	粗、精加工外轮廓	
2	T02	键槽铣刀	φ10	粗、精加工内轮廓	
3	T03	中心钻	φ3	钻中心孔	
4	T04	麻花钻	φ9	钻底孔	
5	T05	扩孔钻	φ9.8	扩孔	
6	T06	铰刀	φ10	铰孔	

表6-4　数控加工工序卡

工步号	工步内容	刀具号	主轴转速/ （r/min）	进给速度/ （mm/min）	背吃刀量/ mm	刀补号
1	台1Z向粗加工	T01	600	120	9.8	H01、D01、D02、D03
2	台1Z向精加工	T01	1000	60	0.2	H01、D01、D02、D03
3	台2Z向去余量粗加工	T01	600	120	3.8	H01、D01、D02、D03
4	台2Z向去余量精加工	T01	1000	60	0.2	H01、D01、D02、D03
5	台2Z向轮廓粗加工	T01	600	120	3.8	H01、D01、D02、D03
6	台2Z向轮廓精加工	T01	1000	60	0.2	H01、D01、D02、D03
7	内轮廓粗加工	T02	600	120	3.8	H02、D04、D05、D06

工步号	工步内容	刀具号	主轴转速/ (r/min)	进给速度/ (mm/min)	背吃刀量/ mm	刀补号
8	内轮廓精加工	T02	1000	60	0.2	H02、D04、D05、D06
9	钻中心孔	T03	1500	100		H03
10	钻底孔	T04	600	60		H04
11	扩孔	T05	700	50		H05
12	铰孔	T06	200	30		H06

6.2.2.2　编写加工程序

以工件上表面中心作为 G54 工件坐标系原点，加工时要先进行对刀，以 FANUC 0i 系统格式编程。

O0062;	主程序
G54 G90 G00 X0 Y0 Z100.;	调用 G54 坐标系，绝对坐标编程，刀具快速定位到起始点
G91 G28 Z0;	Z 向返回参考点
T01 M06;	换 1 号立铣刀
M03 S600;	主轴正转，转速 600r/min
G90 G43 G00 Z10. H01;	快速下刀至钻孔初始平面，建立刀具长度补偿
X0 Y−65.;	快速定位到图 6-11 所示半圆圆心
G01 Z−9.8 F120;	Z 向下刀，Z 向粗加工
D01 M98 P1122;	给定刀补值 D01=16，调用 1112 号子程序去余量
D02 M98 P1122;	给定刀补值 D02=6.2，调用 1112 号子程序去余量
D03 M98 P1122;	给定刀补值 D03=6，调用 1112 号子程序精加工
G01 Z−10. F60 S1000;	Z 向下刀，Z 向精加工
D01 M98 P1122;	给定刀补值 D01=16，调用 1112 号子程序去余量
D02 M98 P1122;	给定刀补值 D02=6.2，调用 1112 号子程序去余量
D03 M98 P1122;	给定刀补值 D03=6，调用 1112 号子程序精加工
G00 Z10.;	Z 向快速抬刀
G01 Z−4.8 F120 S600;	定位到图 6-12 所示半圆圆心
X0 Y−66.;	Z 向下刀，Z 向粗加工
D01 M98 P1133;	给定刀补值 D01=16，调用 1113 号子程序去

	余量
D02　M98　P1133;	给定刀补值D02=6.2，调用1113号子程序去余量
D03　M98　P1133;	给定刀补值D03=6，调用1113号子程序精加工
G01　Z−5.　F60　S1000;	Z向下刀，Z向精加工
D01　M98　P1133;	给定刀补值D01=16，调用1113号子程序去余量
D02　M98　P1133;	给定刀补值D02=6.2，调用1113号子程序去余量
D03　M98　P1133;	给定刀补值D03=6，调用1113号子程序精加工
G00　Z10.;	Z向快速抬刀
X0　Y−60.　F120　S600;	快速定位到图6-13所示半圆圆心
G01　Z−4.8;	Z向下刀，Z向粗加工
D01　M98　P1144;	给定刀补值D01=16，调用1114号子程序去余量
D02　M98　P1144;	给定刀补值D02=6.2，调用1114号子程序去余量
D03　M98　P1144;	给定刀补值D03=6，调用1114号子程序精加工
G01　Z−5.　F60　S1000;	Z向下刀，Z向精加工
D01　M98　P1144;	给定刀补值D01=16，调用1114号子程序去余量
D02　M98　P1144;	给定刀补值D02=6.2，调用1114号子程序去余量
D03　M98　P1144;	给定刀补值D03=6，调用1114号子程序精加工
G49　G00　Z100.;	Z向快速抬刀，取消刀具长度补偿
M05;	停主轴
G91　G28　Z0;	Z向返回参考点
T02　M06;	换2号键槽铣刀
M03　S600;	主轴正转，转速600r/min
G90　G43　G00　Z10.　H02;	绝对坐标编程，快速下刀至Z10，建立刀具长度补偿
X0　Y−3.;	快速定位到图6-14所示半圆圆心
G01　Z−4.8　F120　S600;	Z向下刀，Z向粗加工
D04　M98　P1155;	给定刀补值D04=12，调用1115号子程序去余量
D05　M98　P1155;	给定刀补值D05=5.2，调用1115号子程序去

	余量
D06　M98　P1155；	给定刀补值D06=5，调用1115号子程序精加工
G01　Z-5. F60　S1000；	Z向下刀，Z向精加工
D04　M98　P1155；	给定刀补值D04=12，调用1115号子程序去余量
D05　M98　P1155；	给定刀补值D05=5.2，调用1115号子程序去余量
D06　M98　P1155；	给定刀补值D06=5，调用1115号子程序精加工
G49　G00　Z100.；	Z向快速抬刀，取消刀具长度补偿
M05；	停主轴
G91　G28　Z0；	Z向返回参考点
T03　M06；	换3号中心钻
M03　S1500；	主轴正转，转速1500r/min
G90　G43　G00　Z10. H03；	绝对坐标编程，快速下刀至Z10，建立刀具长度补偿
G99　G81　X-25. Y0　Z-6. R3. F100；	钻孔循环，返回R点，钻左侧中心孔
X0　Y25.；	钻上方中心孔
X25. Y0；	钻右侧中心孔
G98　X0　Y-25.；	钻下方中心孔，返回初始平面
G49　G00　Z100.；	Z向快速抬刀，取消刀具长度补偿
M05；	停主轴
G91　G28　Z0；	Z向返回参考点
T04　M06；	换4号刀
M03　S600；	主轴正转，转速600r/min
G90　G43　G00　Z10. H04；	绝对坐标编程，快速下刀至Z10，建立刀具长度补偿
G99　G83　X-25. Y0　Z-6. R3. Q6. F60；	钻孔循环，返回R点，钻左侧孔
X0　Y25.；	钻上方孔
X25. Y0；	钻右侧孔
G98　X0　Y-25.；	钻下方孔，返回初始平面
G49　G00　Z100.；	Z向快速抬刀，取消刀具长度补偿
M05；	停主轴
G91　G28　Z0；	Z向返回参考点
T05　M06；	换5号刀
M03　S700；	主轴正转，转速700r/min
G90　G43　G00　Z10. H05；	绝对坐标编程，快速下刀至Z10，建立刀具长度补偿
G99　G83　X-25. Y0　Z-6. R3. Q6. F50；	钻（扩）孔循环，返回R点，钻左侧孔

X0 Y25.;	钻（扩）上方孔
X25. Y0;	钻（扩）右侧孔
G98 X0 Y−25.;	钻（扩）下方孔，返回初始平面
G49 G00 Z100.;	Z向快速抬刀，取消刀具长度补偿
M05;	停主轴
G91 G28 Z0;	Z向返回参考点
T06 M06;	换6号铰刀
M03 S200;	主轴正转，转速100r/min
G90 G43 G00 Z10. H06.;	绝对坐标编程，快速下刀至Z10，建立刀具长度补偿
G99 G82 X−25. Y0 Z−6. R3. P2000 Q6. F30;	铰孔循环，返回R点，钻左侧孔
X0 Y25.;	铰上方孔
X25. Y0;	铰右侧孔
G98 X0 Y−25.;	铰下方孔，返回初始平面
G49 G80 G00 Z100.;	Z向快速抬刀，取消循环，取消刀具长度补偿
X0 Y0;	
M05;	停主轴
M30;	主程序结束并复位
O1122;	台1加工子程序
G41 G01 X20.;	建立刀具半径左补偿，路径①
G03 X0 Y−46. R20.;	逆时针圆弧切入，路径②
G01 X−33.;	轮廓切削，路径③
G02 X−46. Y−33. R13.;	
G01 Y33.;	
G02 X−33. Y46. R13.;	
G01 X33.;	
G02 X46. Y33. R13.;	
G01 Y−33.	
G02 X33. Y−46. R13.	
G01 X0;	
G03 X−20. Y−66. R20.;	逆时针圆弧切出，路径④
G40 G01 X0;	取消刀补，路径⑤
M99;	子程序结束
O1133;	台2去余量加工子程序
G41 G01 X25.;	建立刀具半径左补偿，路径①
G03 X0 Y−41. R25.;	逆时针圆弧切入，路径②
G02 I0 J41.;	轮廓切削，路径③
G03 X−25. Y−66. R25.;	逆时针圆弧切出，路径④

G40 G01 X0;　　　　　　　　　　　取消刀补，路径⑤

M99;　　　　　　　　　　　　　　子程序结束

O1144;　　　　　　　　　　　　　台2精加工子程序

G41 G01 X20.;　　　　　　　　　　建立刀具半径左补偿，路径①

G03 X0 Y-40. R20.;　　　　　　　　逆时针圆弧切入，路径②

G02 X-15. Y-25. R15.;　　　　　　　轮廓切削，路径③

G03 X-25. Y-15. R10.;

G02 Y15. R15.;

G03 X-15. Y25. R10.;

G02 X15. R15.;

G03 X25. Y15. R10.;

G02 Y-15. R15.;

G03 X15. Y-25. R10.;

G02 X0 Y-40. R15.;

G03 X-20. Y-60. R20.;　　　　　　　逆时针圆弧切出，路径④

G40 G01 X0;　　　　　　　　　　　取消刀补，路径⑤

M99;　　　　　　　　　　　　　　子程序结束

O1155;　　　　　　　　　　　　　内轮廓加工子程序

G42 G01 X12.;　　　　　　　　　　建立刀具半径右补偿，路径①

G02 X0 Y-15. R12.;　　　　　　　　顺时针圆弧切入，路径②

I0 J15.;　　　　　　　　　　　　　轮廓切削，路径③

X-12. Y-3. R12.;　　　　　　　　　顺时针圆弧切出，路径④

G40 G01 X0;　　　　　　　　　　　取消刀补，路径⑤

M99;　　　　　　　　　　　　　　子程序结束

6.2.2.3 加工操作

（1）加工准备

① 检查毛坯尺寸。

② 开机、回参考点。

③ 程序输入及校验。把编写好的数控程序输入数控系统，并通过图形模拟功能进行程序校验，检查程序是否存在语法和逻辑错误及刀具轨迹的正确性，确保程序无任何语法和逻辑错误、刀具轨迹正确。

④ 工件装夹　将工件放在平口钳上校正并夹紧，注意零件的加工部位要高于钳口，不能影响加工。

⑤ 刀具装夹　选用 ϕ12立铣刀、ϕ10键槽铣刀、A2.5中心钻、ϕ9麻花钻、ϕ9.8扩孔钻、ϕ10铰刀，并将刀具装入弹簧夹头中夹紧，然后将刀具装入刀库，程序执行时根据需要完成自动换刀。

⑥ 对刀操作　选用 ϕ12立铣刀作为标刀，按照前面讲述的对刀方法完成标刀对刀操作，设置好G54工件坐标系。其他刀具只需要在长度方向进行补偿，设置相应的刀具补偿值即可。

⑦ 零件自动加工 在程序输入及校验、工件及刀具装夹、对刀这些操作均完成并确保没任何问题后，选择ATUO工作模式，打开程序，调好进给速率，按下循环启动按钮，开始自动加工零件。

⑧ 零件检验 零件加工完成后，对照图纸进行检查，检查合格后，方可拆下零件。

（2）对刀及设立工件坐标系

选第一把刀T01为基准刀，通过寻边器碰工件两侧对中确定X轴零点，同样的方法对Y轴，刀具轻碰设定器确定Z轴零点，在G54中设定工件坐标系。H01刀具长度设定为0。换第二把刀T02，刀尖碰到Z轴设定器，记下此时机床坐标值，把值输入相对应的H02中。其他刀具以此类推。

6.2.3 加工实训2

【例6-3】 如图6-15所示零件，毛坯是尺寸为96mm×96mm×50mm的长方块，材料为45钢。分析及制定该零件的加工工艺，编写零件加工程序并完成零件加工。

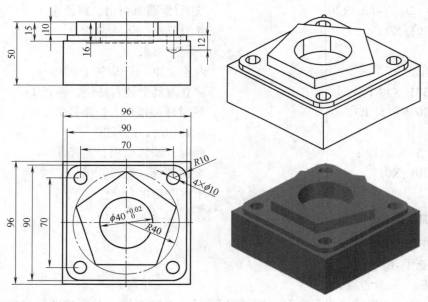

图6-15 加工零件图

（1）分析零件图

该零件由平面、轮廓、槽孔组成。型腔尺寸精度为0.02mm；表面粗糙度为3.2μm，需采用粗、精加工。

（2）工艺设计

该零件毛坯较为规则，采用平口钳装夹，选择以下4种刀具进行加工：1号刀为ϕ20mm两刃立铣刀，用于粗加工；2号刀为ϕ10mm三刃立铣刀，用于精加工；3号刀为ϕ3mm中心钻，用于打定位孔；4号刀为ϕ10mm麻花钻，用于加工孔。

该零件的加工工艺为：加工90mm×90mm×15mm的四边形→加工五边形→加工ϕ40mm的内圆→精加工四边形、五边形、ϕ40mm内圆→加工4个ϕ10mm的孔。各工序刀具及切削参数选择参考见表6-5。

表6-5 数控加工刀具卡

| 序号 | 加工类型 | 刀具号 | 刀具规格 | | 主轴转速/ | 进给速度/ |
			类型	材料	(r/min)	(mm/min)
1	粗加工	T01	ϕ20mm 两刃立铣刀		600	120
2	精加工	T02	ϕ10mm 三刃立铣刀	高速钢	800	100
3	中心钻	T03	ϕ3mm 中心钻		800	80
4	钻头	T04	ϕ10mm 麻花钻		1000	60

（3）编制程序

手工编程时应根据加工工艺编制加工的主程序，零件的局部形状由子程序加工。该零件由1个主程序和3个子程序组成，其中，O1001为四边形加工子程序，O1002为五边形加工子程序，O1003为圆孔加工子程序。

设定工件坐标系，手工编制加工程序。参考程序如下（以FANUC 0i系统格式编程）：

主程序

O0063；	主程序号
G54 G17 G49 G40 G80 G90；	调用G54坐标系，初始化
G91 G28 Z0；	返回参考点
T01 M06；	换1号刀
G90 G43 G00 Z100. H01；	绝对坐标编程，快进至Z100，建立刀具长度补偿
X0 Y-60.0 M03 S600；	快速定位至附加半圆圆心位置，主轴正转
Z5. M08；	快速下刀至Z5，开切削液
G01 Z-4. F120；	下刀，开始加工（粗加工）
M98 P1001 D01；	调用子程序（加工四边形台，Z向分4次切削）
G01 Z-8.；	
M98 P1001 D01；	
G01 Z-12.；	
M98 P1001 D01；	
G01 Z-14.8；	
M98 P1001 D01；	
G00 X0 Y-60.；	快速定位至附加半圆圆心位置
G01 Z-4. F120；	下刀，开始加工（粗加工）
M98 P1002 D01；	调用子程序（加工五边形台，Z向分3次切削）
G01 Z-8.；	
M98 P1002 D01；	
G01 Z-9.8；	
M98 P1002 D01；	
G00 Z10.0；	快速提刀至Z10
X0 Y0；	快速定位至编程原点
G01 Z1. F120；	接近工件至Z1
G01 X9.7；	定位至圆孔粗加工起点

G03 Z-15.8 I-9.7 K2.;	下刀加工圆孔
G03 I-9.7;	圆孔光整
G01 X0;	刀具退到圆心
Z10.0;	提刀至Z10
G49 G00 Z100.;	快速提刀至Z100，取消刀具长度补偿
M05 M09;	停主轴，关切削液
G91 G28 Z0;	返回参考点
T02 M06;	换2号刀
G90 G43 G00 Z100. H02;	绝对坐标编程，快进至Z100，建立刀具长度补偿
G00 X0 Y-60.0 M03 S800;	快速定位至附加半圆圆心位置，主轴正转
Z5.0 M08;	快速下刀至Z5，开切削液
G01 Z-15. F100;	下刀，开始精加工四边形台
M98 P1001 D02;	
G01 Z-10. F100;	下刀，开始精加工五边形台
M98 P1002 D02;	
G01 Z10.0;	提刀至Z10
X0 Y0;	快速定位至编程原点
G01 Z-16. F50;	下刀，开始精加工圆孔
M98 P1003 D02 F100;	
G01 Z10.0;	提刀至Z10
G49 G00 Z100.;	快速提刀至Z100，取消刀具长度补偿
M05 M09;	停主轴，关切削液
G91 G28 Z0;	返回参考点
T03 M06;	换3号刀加工定位孔
G90 G43 G00 Z100. H03;	绝对坐标编程，快进至Z100，建立刀具长度补偿
G00 X0 Y0 M03 S800;	快速定位至编程原点，主轴正转
Z10. M08;	快速下刀至Z10，开切削液
G98 G81 X-35. Y-35. Z-15. R-7. F80;	钻孔循环，左下角孔
Y35.0;	左上角孔
X35.0;	右上角孔
Y-35.0;	右下角孔
G49 G00 Z100.	快速提刀至Z100，取消刀具长度补偿
M05 M09;	停主轴，关切削液
G91 G28 Z0;	返回参考点
T04 M06;	换4号刀加工孔
G90 G43 G00 Z100. H04;	绝对坐标编程，快进至Z100，建立刀具长度补偿
G00 X0 Y0 M03 S1000;	快速定位至编程原点，主轴正转
Z10. M08;	快速下刀至Z10，开切削液

```
G98  G73  X–35.  Y–35.  Z–25.  R–7.  Q6.  F60;
                              深孔钻削循环，左下角孔
Y35.0;                        左上角孔
X35.0;                        右上角孔
Y–35.0;                       右下角孔
G80;                          取消钻孔循环
G00  Z100.  M05  M09;         快速提刀至Z100，停主轴，关切削液
M30;                          主程序结束并复位
四边形台加工子程序
O1001;                        子程序号
G41  G00  X15.0;              建立刀具半径补偿
G03  X0  Y–45.0  R15.0;       逆时针圆弧切向切入
G01  X–35.0;                  轮廓切削
G02  X–45.0  Y–35.0  R10.0;
G01  Y35.0;
G02  X–35.0  Y45.0  R10.0;
G01  X35.0;
G02  X45.0  Y35.0  R10.0;
G01  Y–35.0;
G02  X35.0  Y–45.0  R10.0;
G01  X0;
G03  X–15.0  Y–60.0  R15.0;   逆时针圆弧切向切出
G01  G40  X0;                 取消刀具半径补偿
M99;                          子程序结束，并返回主程序
五边形台加工子程序
O1002;                        子程序号
G41  G01  X28.056;            建立刀具半径补偿
G03  X0  Y–31.944  R28.056;   逆时针圆弧切向切入
G01  X–23.512;                轮廓切削
X–37.82  Y12.36;
X0  Y40.0;
X37.82  Y12.36;
X23.512  Y–31.944;
X0;
G03  X–28.056  Y–60.0  R28.056;  逆时针圆弧切向切出
G40  G01  X0;                 取消刀具半径补偿
M99;                          子程序结束，并返回主程序
圆孔加工子程序
O1003;                        子程序号
```

G41 G01 X18.0 Y2.0；	建立刀具半径补偿
G03 X0 Y20. R18.0；	逆时针圆弧切向切入
G03 X0 Y20. K–20.0；	逆时针圆弧切向切出
G03 X–18.0 Y2.0 R18.0；	整圆切削
G40 G01 X0 Y0；	取消刀具半径补偿
M99；	子程序结束，并返回主程序

（4）加工操作

① 检查毛坯尺寸。

② 开机、回参考点。

③ 程序输入及校验。把编写好的数控程序输入数控系统，并通过图形模拟功能进行程序校验，检查程序是否存在语法和逻辑错误及刀具轨迹的正确性，确保程序无任何语法和逻辑错误、刀具轨迹正确。

④ 工件装夹。将工件放在平口钳上校正并夹紧，注意零件的加工部位要高于钳口，不能影响加工。

⑤ 刀具装夹。选用$\phi 12$两刃立铣刀、$\phi 10$三刃立铣刀、$\phi 8$三刃立铣刀、$\phi 10$麻花钻，并将刀具装入弹簧夹头中夹紧，然后将刀具装入刀库，程序执行时根据需要完成自动换刀。

⑥ 对刀操作。选用$\phi 20$两刃立铣刀作为标刀，按照前面讲述的对刀方法完成标刀对刀操作，设置好G54工件坐标系。其他刀具只需要在长度方向进行补偿，设置相应的刀具补偿值即可。

⑦ 零件自动加工。在程序输入及校验、工件及刀具装夹、对刀这些操作均完成并确保没任何问题后，选择ATUO工作模式，打开程序，调好进给速率，按下循环启动按钮，开始自动加工零件。

⑧ 零件检验。零件加工完成后，对照图纸进行检查，检查合格后，方可拆下零件。

思考与训练

6-1 在加工中心上完成如图6-16、图6-17所示零件（轮廓不需要加工）孔的编程及加工。根据孔的特点，选择合适的孔加工循环指令、孔加工刀具及切削参数。

6-2 在加工中心上完成如图6-18所示零件的编程及加工。毛坯尺寸为60mm×60mm×8mm，选择合适的刀具及切削参数。

6-3 在加工中心上完成如图6-19所示零件的编程及加工。毛坯尺寸为100mm×100mm×23mm，选择合适的刀具及切削参数。

6-4 在加工中心上完成如图6-20所示零件的编程及加工。毛坯尺寸为100mm×100mm×28mm，选择合适的刀具及切削参数。

6-5 在加工中心上完成如图6-21所示零件的编程及加工。毛坯尺寸为100mm×100mm×23mm，选择合适的刀具及切削参数。

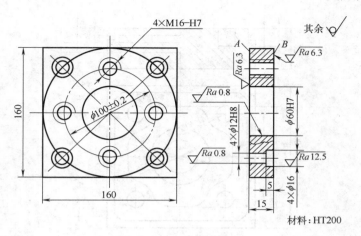

图6-16 孔编程及加工训练1

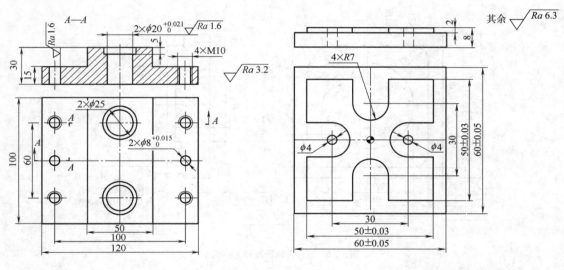

图6-17 孔编程及加工训练2　　　　　　　图6-18 综合件编程及加工训练1

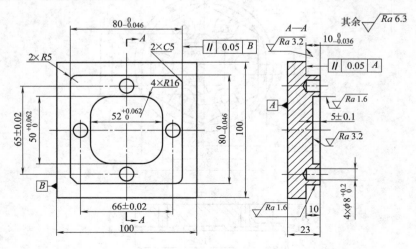

图6-19 综合件编程及加工训练2

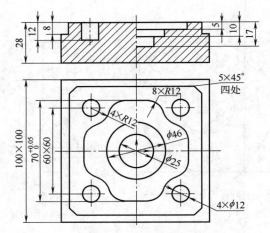

图 6-20　综合件编程及加工训练 3

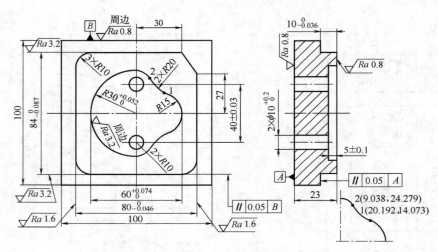

图 6-21　综合件编程及加工训练 4

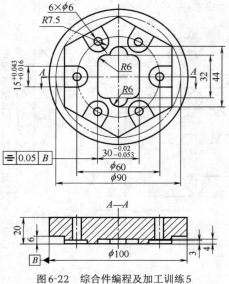

图 6-22　综合件编程及加工训练 5

6-6　在加工中心上完成如图6-22所示零件的编程及加工。毛坯尺寸为100mm×100mm×20mm，选择合适的刀具及切削参数。

6-7　在加工中心上完成如图6-23所示配合件的编程及加工。前道工序尺寸如图所示，选择合适的刀具及切削参数。

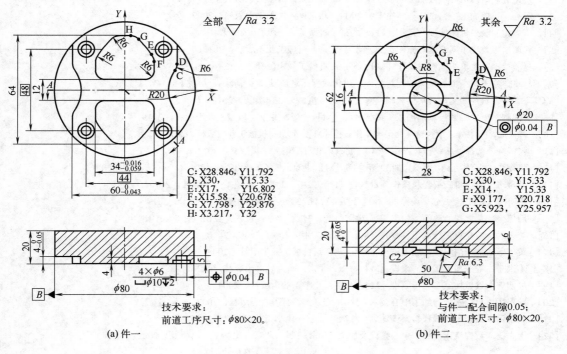

C: X28.846, Y11.792
D: X30,　　Y15.33
E: X17,　　Y16.802
F: X15.58 , Y20.678
G: X7.798, Y29.876
H: X3.217, Y32

C: X28.846, Y11.792
D: X30,　　Y15.33
E: X14,　　Y15.33
F: X9.177, Y20.718
G: X5.923, Y25.957

技术要求：
前道工序尺寸：ϕ80×20。

(a) 件一

技术要求：
与件一配合间隙0.05；
前道工序尺寸：ϕ80×20。

(b) 件二

图6-23　配合件编程及加工训练

参 考 文 献

[1] 蒙斌. 机床数控技术与系统 [M]. 北京：机械工业出版社，2015.

[2] 刘力健，牟盛勇. 数控加工编程及操作 [M]. 北京：清华大学出版社，2007.

[3] 周虹. 数控加工工艺设计与程序编制 [M]. 北京：人民邮电出版社，2009.

[4] 王睿鹏. 数控机床编程与操作 [M]. 北京：机械工业出版社，2009.

[5] 翟瑞波. 数控车床编程与操作实例 [M]. 北京：机械工业出版社，2012.

[6] 夏燕兰. 数控机床编程与操作 [M]. 北京：机械工业出版社，2012.

[7] 赵华，许杰明. 数控机床编程与操作模块化教程 [M]. 北京：清华大学出版社，2011.

[8] 陈智刚. 数控加工综合实训教程 [M]. 北京：机械工业出版社，2013.

[9] 韩鸿鸾，董先. 数控车削加工一体化教程 [M]. 2版. 北京：机械工业出版社，2019.

[10] 韩鸿鸾，刘书峰. 数控铣削加工一体化教程 [M]. 北京：机械工业出版社，2013.

[11] 张国峰. 数控铣床编程与操作 [M]. 北京：北京邮电大学出版社，2013.

[12] 曹著明，刘京华. 组合件数控加工综合实训 [M]. 北京：机械工业出版社，2013.

[13] 马金平. 数控机床编程与操作项目教程 [M]. 2版. 北京：机械工业出版社，2016.

[14] 朱明松，王翔. 数控铣床编程与操作项目教程 [M]. 3版. 北京：机械工业出版社，2019.

[15] 周保牛，黄俊桂. 数控编程与加工技术 [M]. 3版. 北京：机械工业出版社，2019.

[16] 李东君. 数控加工技术项目教程 [M]. 北京：北京大学出版社，2010.

[17] 黄华. 数控车削编程与加工技术 [M]. 北京：机械工业出版社，2008.

[18] 陈洪涛. 数控加工工艺与编程 [M]. 4版. 北京：高等教育出版社，2021.

[19] 晏初宏. 数控加工工艺与编程 [M]. 北京：化学工业出版社，2004.

[20] 周保牛. 数控铣削与加工中心技术 [M]. 北京：高等教育出版社，2007.

[21] 刘蔡保. 数控车床编程与操作 [M]. 2版. 北京：化学工业出版社，2019.

[22] 于志德. 数控铣床与加工中心编程及加工 [M]. 2版. 北京：化学工业出版社，2022.